# 岩土工程勘察文件技术审查要点

住房城乡建设部

中国城市出版社
·北 京·

**图书在版编目（CIP）数据**

岩土工程勘察文件技术审查要点 / 住房城乡建设部.
—北京：中国城市出版社，2013.11(2015.6重印)
ISBN 978-7-5074-2904-6

Ⅰ.①岩…　Ⅱ.①住…　Ⅲ.①岩土工程—地质勘探—技术管理　Ⅳ.①TU412

中国版本图书馆CIP数据核字（2013）第292662号

本书主要由从事施工图审查工作的专家，经广泛调查研究，认真总结施工图设计文件审查实践经验以及广泛征询意见的基础上编写而成，用于指导岩土工程勘察文件的技术审查。

* * *

责任编辑：常　燕

**岩土工程勘察文件技术审查要点**
住房城乡建设部
*
中国城市出版社出版、发行（北京市西城区广安门南街甲30号）
各地新华书店、建筑书店经销
广州市友间文化传播有限公司制版
廊坊市海涛印刷有限公司印刷
*
开本：850×1168毫米　1/32　印张：2½　字数：67千字
2014年1月第一版　2015年6月第四次印刷
定价：**28.00** 元
ISBN 978-7-5074-2904-6

（邮政编码　100053）
本社网址：http: //www.citypress.cn

# 住房和城乡建设部文件

建质［2013］87号

## 住房城乡建设部关于印发建筑工程施工图设计文件技术审查要点、市政公用工程施工图设计文件技术审查要点、岩土工程勘察文件技术审查要点的通知

各省、自治区住房城乡建设厅，北京市规划委，天津、上海市建设交通委，重庆市城乡建设委，新疆生产建设兵团建设局：

为贯彻《房屋建筑和市政公用基础设施工程施工图设计文件审查管理办法》(住房城乡建设部令第13号)，进一步做好施工图设计文件审查工作，我部组织编制了《建筑工程施工图设计文件技术审查要点》、《市政公用工程施工图设计文件技术审查要点》、《岩土工程勘察文件技术审查要点》。现印发给你们，请参照执行。原《岩土工程勘察文件审查要点(试行)》、《房屋建筑工程施工图设计文件审查要点(试行)》、《市政公用工程施工图设计文件审查要点(试行)》(建质［2003］2号) 同时废止。

中华人民共和国住房和城乡建设部

2013年6月7日

# 前言

受住房城乡建设部工程质量安全监管司委托，北京市规划委员会、北京市勘察设计和测绘地理信息管理办公室以及北京工程勘察设计行业协会组织部分从事施工图审查工作的专家，经广泛调查研究，认真总结施工图设计文件审查实践经验，在广泛征求各地住房城乡建设主管部门、施工图审查机构、勘察设计企业意见的基础上，制定本要点。

在本要点执行过程中如发现需修改和补充之处，请及时向北京市勘察设计和测绘地理信息管理办公室反映，以供今后修订时参考。

主 编 单 位：北京市规划委员会
北京市勘察设计和测绘地理信息管理办公室
北京工程勘察设计行业协会

参 编 单 位：（排名不分前后）
北京市勘察设计研究院有限公司
建设综合勘察研究设计院有限公司
北京城建勘测设计研究院有限责任公司
中航勘察设计研究院有限公司
中兵勘察设计研究院

参加编写人员：（以姓氏笔画为序）
丁作良　王笃礼　化建新　叶　嘉　叶大华

曲际水　刘尊平　张　鹏　张凤林　张建青
张荣成　陈丽萍　武　威　罗　威　周宏磊
郝庆斌　郝春英　钟　和　高文新　郭明田
董　辉　温　靖　廉得瑞　蔡　晶

参加审查人员：（以姓氏笔画为序）

何　平　沈小克　项　勃　顾国荣　顾宝和
徐张建　戴一鸣

# 编制说明

受住房城乡建设部工程质量安全监管司委托，北京市规划委员会、北京市勘察设计和测绘地理信息管理办公室以及北京工程勘察设计行业协会组织编写了《房屋建筑和市政公用工程施工图设计文件技术审查要点》（以下简称要点），该要点由《建筑工程施工图设计文件技术审查要点》、《市政公用工程施工图设计文件技术审查要点》及《岩土工程勘察文件技术审查要点》3部分组成。

本要点编制工作于2009年9月启动，共组织了17家施工图审查机构，计80余名专家参与编写工作，其间召开编制组全体会议或分专业会议30余次，并广泛听取了各地住房城乡建设主管部门、施工图审查机构、勘察设计单位的意见。2011年12月22日，住房城乡建设部工程质量安全监管司在北京组织召开专家审查会，包括14位勘察设计大师在内的31位专家参会，经讨论与会专家一致同意要点送审稿通过审查。会后根据审查意见完成了报批稿，于2012年1月上报住房城乡建设部工程质量安全监管司。之后，编制组根据2013年5月1日之前出台的新法规和新标准对本要点的审查内容进行了部分调整。

为使岩土工程勘察文件审查人员了解要点的编制思路，现对《岩土工程勘察文件技术审查要点》中的有关问题予以简要说明，供有关人员参考。

一、根据《房屋建筑和市政基础设施工程施工图设计文件审查管理办法》（中华人民共和国住房和城乡建设部令第13号）

第十一条对审查内容的规定，本要点按下列原则确定技术审查内容：

1. 现行工程建设标准（含国家标准、行业标准）中的强制性条文（以下简称强条），是进行岩土工程勘察文件审查的基本依据，所有与岩土工程勘察文件相关的强条均为审查内容。经统计，目前与岩土工程勘察文件审查相关的工程建设标准（不含地方标准）约13本，其中相关的强制性条文约33条。随着新版工程建设标准的发布与实施，强条的内容和数量也会发生变化，应依据现行工程建设标准中的强条进行施工图审查。

2. 地基基础和主体结构安全性是施工图审查的重要内容。岩土工程勘察文件是基于现场钻探、测试及室内试验成果，并结合历史信息积累、工程经验的综合判断。岩土工程勘察文件的审查工作应紧密结合工程实际，求真务实，全面准确理解并把握技术标准的各项规定，避免追求形式的行为。本要点编写过程中，参编专家经过多次深入讨论，结合十年以来施工图审查的开展情况，从现行工程建设国家标准、行业标准中选择非强制性条文约120条，并将其逐条列出，作为岩土工程勘察文件施工图审查的内容。这些条文或是强制性条文的技术支撑，或是勘察文件编制深度的要求。

3. 地方法规规定需要审查的内容，应由省级住房城乡建设主管部门予以规定。

二、审查机构依据本要点的规定进行审查时，由于各地的实际情况存在差异，岩土工程勘察文件审查的内容也可有所不同。如确有必要，各地可以结合当地具体情况，适当增加审查内容，但不应减少审查内容。需增加审查内容的，应由省级住房城乡建设主管部门统一规定，并在其管辖的行政区域内实施。

三、本审查要点所列审查内容是保证工程勘察质量的基本要求，并不涵盖工程勘察工作的全部内容，勘察企业和注册执业人员以及相关人员应全面执行法规和工程建设标准的有关规定。

四、如勘察企业未执行要点中非强条的规定，是否可以通过，目前各地处理方式也不一致。本要点的表述是“如勘察企业未严格执行本要点的规定，应有充分依据”。这一表述主要考虑既然不是强制性条文，原则上在审查时也不应作为强制要求来执行，可按规范用词的严格程度予以把握，允许勘察单位根据工程的实际需要，在不降低质量要求的前提下，采取行之有效的变通措施来解决问题，但应有充分依据。

五、本要点主要依据2013年5月1日之前发布的法规和工程建设标准编制，在此之后如有新版法规和工程建设标准实施，应以新版法规和工程建设标准为准。

# 目　　录

# 一、总　则

**1.0.1**　为规范建筑工程施工图设计文件审查工作，明确审查内容，统一审查尺度，根据《实施工程建设强制性标准监督规定》（中华人民共和国建设部令第81号，详见附录A，以下简称81号令）、《房屋建筑和市政基础设施工程施工图设计文件审查管理办法》（中华人民共和国住房和城乡建设部令第13号，详见附录B，以下简称13号令）规定，编制本要点。

**1.0.2**　本要点适用于房屋建筑工程、市政基础设施工程的城市桥涵、室外管道、城市道路（包括路基、路堤、路堑）和支挡工程的岩土工程勘察文件审查。

**1.0.3**　本要点规定的审查内容依据现行相关法规（本要点所称法规系法律、法规、部门规章及政府主管部门规范性文件的总称）和工程建设标准编写，主要包括：现行工程建设标准（含国家标准、行业标准）中的强制性条文（以下简称强条）；现行工程建设国家标准、行业标准中对地基基础和主体结构安全性影响较大的部分非强条条文；法规中涉及技术管理且需要在岩土工程勘察中落实的规定。

**1.0.4**　岩土工程勘察文件审查重点包括：岩土层分布、地下水条件、岩土的工程特性指标是否基本查明；对特殊性岩土、不良地质作用、地基承载力和变形特性、水和土的腐蚀性等重要的岩土工程问题是否正确评价。

**1.0.5**　房屋建筑工程勘察文件技术审查要点中不良地质作用、特殊性岩土、边坡工程及岩土参数等为通用性要求，市政基础设施工程勘察文件审查应参照执行。

**1.0.6** 施工图审查机构应对勘察企业和注册执业人员以及相关人员按规定在岩土工程勘察文件上加盖相应图章和签字的情况进行审查。

**1.0.7** 除按81号令第五条规定进行了审定（或备案）的情况外，审查中发现的不符合强条或违反法规的问题，必须进行修改，否则不能通过。

对于审查中发现的其他问题，如勘察企业未严格执行本要点的规定，应有充分依据。审查时应根据相关标准的“用词说明”，按其用词的严格程度予以区别对待。

**1.0.8** 除本要点内容外，施工图审查尚应包括现行有关地方性法规规定的内容。

# 二、工程建设标准强制性条文

| 序号 | 审查项目 | 审查内容 |
| --- | --- | --- |
| 1 | 强制性条文 | 《工程建设标准强制性条文》中有关岩土工程勘察的强制性条文必须严格执行 |

# 三、房屋建筑工程勘察文件技术审查要点

| 序号 | 审查项目 | 审查内容 |
|---|---|---|
| **1** | 基本规定 | |
| **1.1** | 基本要求 | 《岩土工程勘察规范》GB 50021—2001(2009年版)<br>**1.0.3** 各项建设工程在设计和施工之前，必须按基本建设程序进行岩土工程勘察。<br>**1.0.3A** 岩土工程勘察应按工程建设各勘察阶段的要求，正确反映工程地质条件，查明不良地质作用和地质灾害，精心勘察、精心分析，提出资料完整、评价正确的勘察报告 |
| **1.2** | 勘察要求 | 《岩土工程勘察规范》GB 50021—2001(2009年版)<br>**4.1.11** 详细勘察应按单体建筑物或建筑群提出详细的岩土工程资料和设计、施工所需的岩土参数；对建筑地基作出岩土工程评价，并对地基类型、基础形式、地基处理、基坑支护、工程降水和不良地质作用的防治等提出建议。主要应进行下列工作：<br>**1** 搜集附有坐标和地形的建筑总平面图，场区的地面整平标高，建筑物的性质、规模、荷载、结构特点，基础形式、埋置深度，地基允许变形等资料；<br>**2** 查明不良地质作用的类型、成因、分布范围、发展趋势和危害程度，提出整治方案的建议；<br>**3** 查明建筑范围内岩土层的类型、深度、分布、工程特性，分析和评价地基的稳定性、均匀性和承载力；<br>**4** 对需进行沉降计算的建筑物，提供地基变形计算参数，预测建筑物的变形特征；<br>**5** 查明埋藏的河道、沟浜、墓穴、防空洞、孤石等对工程不利的埋藏物；<br>**6** 查明地下水的埋藏条件，提供地下水位及其变化幅度； |

| 序号 | 审查项目 | 审查内容 |
| --- | --- | --- |
| 1.2 | 勘察要求 | 7　在季节性冻土地区，提供场地土的标准冻结深度；<br>8　判定水和土对建筑材料的腐蚀性。<br>**4.9.1**　桩基岩土工程勘察应包括下列内容：<br>**1**　查明场地各层岩土的类型、深度、分布、工程特性和变化规律；<br>**2**　当采用基岩作为桩的持力层时，应查明基岩的岩性、构造、岩面变化、风化程度，确定其坚硬程度、完整程度和基本质量等级，判定有无洞穴、临空面、破碎岩体或软弱岩层；<br>**3**　查明水文地质条件，评价地下水对桩基设计和施工的影响，判定水质对建筑材料的腐蚀性；<br>**4**　查明不良地质作用，可液化土层和特殊性岩土的分布及其对桩基的危害程度，并提出防治措施的建议；<br>**5**　评价成桩可能性，论证桩的施工条件及其对环境的影响。<br>**《高层建筑岩土工程勘察规程》JGJ 72—2004**<br>**3.0.6**　详细勘察阶段应采用多种手段查明场地工程地质条件；应采用综合评价方法，对场地和地基稳定性作出结论；应对不良地质作用和特殊性岩土的防治、地基基础形式、埋深、地基处理、基坑工程支护等方案的选型提出建议；应提供设计、施工所需的岩土工程资料和参数 |
| 2 | 勘探点的布　　置 | |
| 2.1 | 勘探点的布置原则 | **《岩土工程勘察规范》GB 50021—2001（2009年版）**<br>**4.1.16**　详细勘察的勘探点布置，应符合下列规定：<br>**1**　勘探点宜按建筑物周边线和角点布置，对无特殊要求的其他建筑物可按建筑物或建筑群的范围布置；<br>**2**　同一建筑范围内的主要受力层或有影响的下卧层起伏较大时，应加密勘探点，查明其变化； |

| 序号 | 审查项目 | 审查内容 |
| --- | --- | --- |
| 2.1 | 勘探点的布置原则 | 3 重大设备基础应单独布置勘探点；重大的动力机器基础和高耸构筑物，勘探点不宜少于3个；<br>4 勘探手段宜采用钻探与触探相配合，在复杂地质条件、湿陷性土、膨胀岩土、风化岩和残积土地区，宜布置适量探井。<br>**4.1.17 详细勘察的单栋高层建筑勘探点的布置，应满足对地基均匀性评价的要求，且不应少于4个；对密集的高层建筑群，勘探点可适当减少，但每栋建筑物至少应有1个控制性勘探点** |
| 2.2 | 勘探点间距 | **《岩土工程勘察规范》GB 50021—2001（2009年版）**<br>**4.1.15** 详细勘察勘探点的间距可按表4.1.15确定。<br>**表4.1.15 详细勘察勘探点的间距（m）**<br>地基复杂程度等级 \| 勘探点间距 \| 地基复杂程度等级 \| 勘探点间距<br>一级（复杂） \| 10～15 \| 三级（简单） \| 30～50<br>二级（中等复杂） \| 15～30 \| \| |
| 2.3 | 勘探孔深度 | **《岩土工程勘察规范》GB 50021—2001（2009年版）**<br>**4.1.18 详细勘察的勘探深度自基础底面算起，应符合下列规定：**<br>**1 勘探孔深度应能控制地基主要受力层，当基础底面宽度不大于5m时，勘探孔的深度对条形基础不应小于基础底面宽度的3倍，对单独柱基不应小于1.5倍，且不应小于5m；**<br>**2 对高层建筑和需作变形验算的地基，控制性勘探孔的深度应超过地基变形计算深度；高层建筑的一般性勘探孔应达到基底下0.5～1.0倍的基础宽度，并深入稳定分布的地层；** |

续表

| 序号 | 审查项目 | 审查内容 |
| --- | --- | --- |
| 2.3 | 勘探孔深度 | **3　对仅有地下室的建筑或高层建筑的裙房，当不能满足抗浮设计要求，需设置抗浮桩或锚杆时，勘探孔深度应满足抗拔承载力评价的要求；**<br>**4　当有大面积地面堆载或软弱下卧层时，应适当加深控制性勘探孔的深度；**<br>5　在上述规定深度内遇基岩或厚层碎石土等稳定地层时，勘探孔深度可适当调整。<br>**4.1.19**　详细勘察的勘探孔深度，除应符合4.1.18条的要求外，尚应符合下列规定：<br>1　地基变形计算深度，对中、低压缩性土可取附加压力等于上覆土层有效自重压力20%的深度；对于高压缩性土层可取附加压力等于上覆土层有效自重压力10%的深度；<br>2　建筑总平面内的裙房或仅有地下室部分（或当基底附加压力$p_0 \leqslant 0$时）的控制性勘探孔的深度可适当减小，但应深入稳定分布地层，且根据荷载和土质条件不宜少于基底下0.5～1.0倍基础宽度；<br>3　当需进行地基整体稳定性验算时，控制性勘探孔深度应根据具体条件满足验算要求；<br>4　当需确定场地抗震类别而邻近无可靠的覆盖层厚度资料时，应布置波速测试孔，其深度应满足确定覆盖层厚度的要求；<br>5　大型设备基础勘探孔深度不宜小于基础底面宽度的2倍；<br>6　当需进行地基处理时，勘探孔的深度应满足地基处理设计与施工要求；当采用桩基时，勘探孔的深度应满足本规范第4.9节的要求。<br>**4.9.4**　勘探孔的深度应符合下列规定：<br>1　一般性勘探孔的深度应达到预计桩长以下3～5$d$（$d$为桩径），且不得小于3m；对大直径桩，不得小于5m； |

续表

| 序号 | 审查项目 | 审查内容 |
| --- | --- | --- |
| 2.3 | 勘探孔深度 | **2** 控制性勘探孔深度应满足下卧层验算要求；对需验算沉降的桩基，应超过地基变形计算深度；<br>**3** 钻至预计深度遇软弱层时，应予加深；在预计勘探孔深度内遇稳定坚实岩土时，可适当减小；<br>**4** 对嵌岩桩，应钻入预计嵌岩面以下3～5$d$，并穿过溶洞、破碎带，到达稳定地层；<br>**5** 对可能有多种桩长方案时，应根据最长桩方案确定 |
| 3 | 取样与测试 | **《岩土工程勘察规范》GB 50021—2001（2009年版）**<br>**4.1.20** 详细勘察采取土试样和进行原位测试应满足岩土工程评价要求，并符合下列要求：<br>**1** 采取土试样和进行原位测试的勘探孔的数量，应根据地层结构、地基土的均匀性和工程特点确定，且不应少于勘探孔总数的1/2，钻探取土试样孔的数量不应少于勘探孔总数的1/3；<br>**2** 每个场地每一主要土层的原状土试样或原位测试数据不应少于6件（组），当采用连续记录的静力触探或动力触探为主要勘察手段时，每个场地不应少于3个孔；<br>**3** 在地基主要受力层内，对厚度大于0.5m的夹层或透镜体，应采取土试样或进行原位测试；<br>**4** 当土层性质不均匀时，应增加取土试样或原位测试数量 |
| 4 | 室内试验 | **《岩土工程勘察规范》GB 50021—2001（2009年版）**<br>**11.1.1** 岩土性质的室内试验项目和试验方法应符合本章的规定，其具体操作和试验仪器应符合现行国家标准《土工试验方法标准》（GB/T 50123）和国家标准《工程岩体试验方法标准》（GB/T 50266）的规定。<br>**11.1.2** 试验项目和试验方法，应根据工程要求和岩土性质的特点确定 |
| 5 | 地下水 | |

续表

| 序号 | 审查项目 | 审查内容 |
| --- | --- | --- |
| 5.1 | 勘　察 | **《岩土工程勘察规范》GB 50021—2001（2009年版）**<br>**7.1.1**　岩土工程勘察应根据工程要求，通过搜集资料和勘察工作，掌握下列水文地质条件：<br>**1**　地下水的类型和赋存状态；<br>**2**　主要含水层的分布规律；<br>**3**　区域性气候资料，如年降水量、蒸发量及其变化和对地下水位的影响；<br>**4**　地下水的补给排泄条件、地表水与地下水的补排关系及其对地下水位的影响；<br>**5**　勘察时的地下水位、历史最高地下水位、近3～5年最高地下水位、水位变化趋势和主要影响因素；<br>**6**　是否存在对地下水和地表水的污染源及其可能的污染程度。<br>**4.8.5**　当场地水文地质条件复杂，在基坑开挖过程中需要对地下水进行控制（降水或隔渗），且已有资料不能满足要求时，应进行专门的水文地质勘察 |
| 5.2 | 水　位 | **《岩土工程勘察规范》GB 50021—2001（2009年版）**<br>**7.2.2**　地下水位的量测应符合下列规定：<br>**1**　遇地下水时应量测水位；<br>**2**　（此款取消）<br>**3**　对工程有影响的多层含水层的水位量测，应采取止水措施，将被测含水层与其他含水层隔开 |
| 5.3 | 水土腐蚀性测试与判　别 | **《岩土工程勘察规范》GB 50021—2001（2009年版）**<br>**12.1.3**　水和土腐蚀性的测试项目和试验方法应符合下列规定：<br>**1**　水对混凝土结构腐蚀性的测试项目包括：pH值、$Ca^{2+}$、$Mg^{2+}$、$Cl^{-}$、$SO_4^{2-}$、$HCO^{3-}$、$CO_3^{2-}$、侵蚀性$CO_2$、游离$CO_2$、$NH^{4+}$、$OH^{-}$、总矿化度；<br>**2**　土对混凝土结构腐蚀性的测试项目包括：pH值、$Ca^{2+}$、$Mg^{2+}$、$Cl^{-}$、$SO_4^{2-}$、$HCO^{3-}$、$CO_3^{2-}$的易溶盐（土水比1： |

续表

| 序号 | 审查项目 | 审查内容 |
|---|---|---|
| 5.3 | 水土腐蚀性测试与判别 | 5）分析；<br>**3**　土对钢结构的腐蚀性的测试项目包括：pH值、氧化还原电位、极化电流密度、电阻率、质量损失；<br>**4**　腐蚀性测试项目的试验方法应符合表12.1.3的规定。<br>**12.1.4**　水和土对建筑材料的腐蚀性，可分为微、弱、中、强四个等级，并可按本规范第12.2节进行评价 |
| 5.4 | 地下水评价 | **《岩土工程勘察规范》GB 50021—2001（2009年版）**<br>**7.3.1**　岩土工程勘察应评价地下水的作用和影响，并提出预防措施的建议 |
| 6 | 场地和地基的地震效应 | 地震液化判别深度应符合《建筑抗震设计规范》GB 50011—2010第4.3.4条规定 |
| 6.1 | 划分有利、不利和危险地段 | **《建筑抗震设计规范》GB 50011—2010**<br>**4.1.9**　场地岩土工程勘察，应根据实际需要划分的对建筑有利、一般、不利和危险的地段，提供建筑的场地类别和岩土地震稳定性（含滑坡、崩塌、液化和震陷特性）评价，对需要采用时程分析法补充计算的建筑，尚应根据设计要求提供土层剖面、场地覆盖层厚度和有关的动力参数。<br>**《岩土工程勘察规范》GB 50021—2001（2009年版）**<br>**5.7.2**　在抗震设防烈度等于或大于6度的地区进行勘察时，应确定场地类别。当场地位于抗震危险地段时，应根据现行国家标准《建筑抗震设计规范》GB 50011的要求，提出专门研究的建议 |
| 6.2 | 地震动参数 | **《建筑抗震设计规范》GB 50011—2010**<br>**1.0.4**　抗震设防烈度必须按国家规定的权限审批、颁发的文件（图件）确定。 |

<table>
<tr><th>序号</th><th>审查项目</th><th>审查内容</th></tr>
<tr><td>6.2</td><td>地震动参数</td><td>《岩土工程勘察规范》GB 50021—2001（2009年版）<br>5.7.1　抗震设防烈度等于或大于6度的地区，应进行场地和地基地震效应的岩土工程勘察，并应根据国家批准的地震动参数区划和有关的规范，提出勘察场地的抗震设防烈度、设计基本地震加速度和设计地震分组</td></tr>
<tr><td>6.3</td><td>场地类别</td><td>《建筑抗震设计规范》GB 50011—2010<br>4.1.2　建筑场地的类别划分，应以土层等效剪切波速和场地覆盖层厚度为准。<br>4.1.6　建筑的场地类别，应根据土层等效剪切波速和场地覆盖层厚度按表4.1.6划分为四类，其中Ⅰ类分为$\mathrm{I}_0$、$\mathrm{I}_1$两个亚类。当有可靠的剪切波速和覆盖层厚度且其值处于表4.1.6所列场地类别的分界线附近时，应允许按插值方法确定地震作用计算所用的特征周期。<br>表4.1.6　各类建筑场地的覆盖层厚度（m）
<table>
<tr><th rowspan="2">岩石的剪切波速或土的等效剪切波速（m/s）</th><th colspan="5">场地类别</th></tr>
<tr><th>$\mathrm{I}_0$</th><th>$\mathrm{I}_1$</th><th>Ⅱ</th><th>Ⅲ</th><th>Ⅳ</th></tr>
<tr><td>$v_s>800$</td><td>0</td><td></td><td></td><td></td><td></td></tr>
<tr><td>$800\geq v_s>500$</td><td></td><td>0</td><td></td><td></td><td></td></tr>
<tr><td>$500\geq v_{se}>250$</td><td></td><td><5</td><td>≥5</td><td></td><td></td></tr>
<tr><td>$250\geq v_{se}>150$</td><td></td><td><3</td><td>3～50</td><td>>50</td><td></td></tr>
<tr><td>$v_{se}\leq150$</td><td></td><td><3</td><td>3～15</td><td>15～80</td><td>>80</td></tr>
</table>
注：表中$v_s$系岩石的剪切波速</td></tr>
<tr><td>6.4</td><td>液化判别</td><td>《建筑抗震设计规范》GB 50011—2010<br>4.3.2　地面下存在饱和砂土和饱和粉土时，除6度外，应进行液化判别；存在液化土层的地基，应根据建筑的抗震设防类别、地基的液化等级，结合具体情况采取相应的措施。<br>注：本条饱和土液化判别要求不含黄土、粉质黏土。</td></tr>
</table>

| 序号 | 审查项目 | 审查内容 |
|---|---|---|
| 6.4 | 液化判别 | 《岩土工程勘察规范》GB 50021—2001（2009年版）<br>**5.7.8** 地震液化的进一步判别应在地面以下15m的范围内进行；对于桩基和基础埋深大于5m的天然地基，判别深度应加深至20m。对判别液化而布置的勘探点不应少于3个，勘探孔深度应大于液化判别深度。<br>**5.7.10** 凡判别为可液化的场地，应按现行国家标准《建筑抗震设计规范》（GB 50011）的规定确定其液化指数和液化等级。<br>勘察报告除应阐明可液化的土层、各孔的液化指数外，尚应根据各孔液化指数综合确定场地液化等级 |
| 7 | 不良地质作用 | |
| 7.1 | 基本要求 | 《岩土工程勘察规范》GB 50021—2001（2009年版）<br>**4.1.11**<br>2 查明不良地质作用的类型、成因、分布范围、发展趋势和危害程度，提出整治方案的建议。<br>《高层建筑岩土工程勘察规程》JGJ 72—2004<br>**8.1.2** 对有直接危害的不良地质作用地段，不得选作高层建筑建设场地。对于有不良地质作用存在，但经技术经济论证可以治理的高层建筑场地，应提出防治方案建议，采取安全可靠的整治措施 |
| 7.2 | 岩溶 | 《岩土工程勘察规范》GB 50021—2001（2009年版）<br>**5.1.1** 拟建工程场地或其附近存在对工程安全有影响的岩溶时，应进行岩溶勘察 |
| 7.3 | 滑坡 | 《岩土工程勘察规范》GB 50021—2001（2009年版）<br>**5.2.1** 拟建工程场地或其附近存在对工程安全有影响的滑坡或有滑坡可能时，应进行专门的滑坡勘察 |

续表

| 序号 | 审查项目 | 审查内容 |
| --- | --- | --- |
| 7.4 | 危岩和崩塌 | **《岩土工程勘察规范》GB 50021—2001（2009年版）**<br>**5.3.1　拟建工程场地或其附近存在对工程安全有影响的危岩或崩塌时，应进行危岩和崩塌勘察** |
| 7.5 | 泥石流 | **《岩土工程勘察规范》GB 50021—2001（2009年版）**<br>**5.4.1　拟建工程场地或其附近有发生泥石流的条件并对工程安全有影响时，应进行专门的泥石流勘察** |
| 8 | 特殊性岩土 | |
| 8.1 | 湿陷性土 | **《岩土工程勘察规范》GB 50021—2001（2009年版）**<br>**6.1.3**　湿陷性土场地勘察，除应遵守本规范第4章的规定外，尚应符合下列要求：<br>**1**　勘探点的间距应按本规范第4章的规定取小值。对湿陷性土分布极不均匀的场地应加密勘探点；<br>**2**　控制性勘探孔深度应穿透湿陷性土层；<br>**3**　应查明湿陷性土的年代、成因、分布和其中的夹层、包含物、胶结物的成分和性质；<br>**4**　湿陷性碎石土和砂土，宜采用动力触探试验和标准贯入试验确定力学特性；<br>**5**　不扰动土试样应在探井中采取；<br>**6**　不扰动土试样除测定一般物理力学性质外，尚应作土的湿陷性和湿化试验；<br>**7**　对不能取得不扰动土试样的湿陷性土，应在探井中采用大体积法测定密度和含水量；<br>**8**　对于厚度超过2m的湿陷性土，应在不同深度处分别进行浸水载荷试验，并应不受相邻试验的浸水影响。<br>**6.1.4**　湿陷性土的岩土工程评价应符合下列规定：<br>**1**　湿陷性土的湿陷程度划分应符合表6.1.4的规定；<br>**3**　对湿陷性土边坡，当浸水因素引起湿陷性土本身或其与下伏地层接触面的强度降低时，应进行稳定性评价。 |

续表

<table>
<tr><th>序号</th><th>审查项目</th><th>审查内容</th></tr>
<tr><td>8.1</td><td>湿陷性土</td><td>
表6.1.4 湿陷程度分类
<table>
<tr><td rowspan="2">试验条件<br>湿陷程度</td><td colspan="2">附加湿陷量$\Delta F_s$（cm）</td></tr>
<tr><td>承压板面积0.50m²</td><td>承压板面积0.25m²</td></tr>
<tr><td>轻 微</td><td>$1.6<\Delta F_s\leqslant 3.2$</td><td>$1.1<\Delta F_s\leqslant 2.3$</td></tr>
<tr><td>中 等</td><td>$3.2<\Delta F_s\leqslant 7.4$</td><td>$2.3<\Delta F_s\leqslant 5.3$</td></tr>
<tr><td>强 烈</td><td>$\Delta F_s>7.4$</td><td>$\Delta F_s>5.3$</td></tr>
</table>
6.1.6 湿陷性土地基的湿陷等级应按表6.1.6判定。
表6.1.6 湿陷性土地基的湿陷等级
<table>
<tr><th>总湿陷量$\Delta_s$（cm）</th><th>湿陷性土总厚度（m）</th><th>湿陷等级</th></tr>
<tr><td rowspan="2">$5<\Delta_s\leqslant 30$</td><td>>3</td><td>I</td></tr>
<tr><td>≤3</td><td rowspan="2">II</td></tr>
<tr><td rowspan="2">$30<\Delta_s\leqslant 60$</td><td>>3</td></tr>
<tr><td>≤3</td><td rowspan="2">III</td></tr>
<tr><td rowspan="2">$\Delta_s>60$</td><td>>3</td></tr>
<tr><td>≤3</td><td>IV</td></tr>
</table>
《湿陷性黄土地区建筑规范》GB 50025—2004
4.1.1 在湿陷性黄土场地进行岩土工程勘察应查明下列，并应结合建筑物的特点和设计要求，对场地、地基作出评价，对地基处理措施提出建议。
1 黄土地层的时代、成因；
2 湿陷性黄土层的厚度；
3 湿陷系数、自重湿陷系数和湿陷起始压力随深度的变化；
4 场地湿陷类型和地基湿陷等级的平面分布；
5 变形参数和承载力；
6 地下水等环境水的变化趋势；
7 其他工程地质条件。
</td></tr>
</table>

| 序号 | 审查项目 | 审查内容 |
| --- | --- | --- |
| 8.1 | 湿陷性土 | **5.7.2** 在湿陷性黄土场地采用桩基础，桩端必须穿透湿陷性黄土层，并应符合下列要求：<br>**1** 在非自重湿陷性黄土场地，桩端应支承在压缩性较低的非湿陷性黄土层中；<br>**2** 在自重湿陷性黄土场地，桩端应支承在可靠的岩（或土）层中 |
| 8.2 | 红黏土 | **《岩土工程勘察规范》GB 50021—2001（2009年版）**<br>**6.2.4** 红黏土地区勘探点的布置，应取较密的间距，查明红黏土厚度和状态的变化。<br>**6.2.8** 红黏土的岩土工程评价应符合下列要求：<br>**1** 建筑物应避免跨越地裂密集带或深长地裂地段；<br>**2** 轻型建筑物的基础埋深应大于大气影响急剧层的深度；炉窑等高温设备的基础应考虑地基土的不均匀收缩变形；开挖明渠时应考虑土体干湿循环的影响；在石芽出露的地段，应考虑地表水下渗形成的地面变形；<br>**3** 选择适宜的持力层和基础形式，在满足本条第2款要求的前提下，基础宜浅埋，利用浅部硬壳层，并进行下卧层承载力的验算；不能满足承载力和变形要求时，应建议进行地基处理或采用桩基础 |
| 8.3 | 软土 | **《软土地区岩土工程勘察规程》JGJ 83—2011**<br>**5.0.5** 现场勘察时，应测量地下水位，水位测量孔的数量应满足工程评价的需求，并应符合下列规定：<br>**1** 当遇第一层稳定潜水时，每个场地的水位测量孔数量不应少于钻探孔数量的1/2，且对单栋建筑物场地，水位测量孔数量不应少于3个；<br>**2** 当场地有多层对工程有影响的地下水时，应专门设置水位测量孔，并应分层测量地下水位或承压水头高度。 |

| 序号 | 审查项目 | 审查内容 |
| --- | --- | --- |
| 8.3 | 软　　土 | **《岩土工程勘察规范》GB 50021—2001（2009年版）**<br>**6.3.2** 软土勘察除应符合常规要求外，尚应查明下列内容：<br>**1** 成因类型、成层条件、分布规律、层理特征、水平向和垂直向的均匀性；<br>**2** 地表硬壳层的分布与厚度、下伏硬土层或基岩的埋深和起伏；<br>**3** 固结历史、应力水平和结构破坏对强度和变形的影响；<br>**4** 微地貌形态和暗埋的塘、浜、沟、坑、穴的分布、埋深及其填土的情况；<br>**5** 开挖、回填、支护、工程降水、打桩、沉井等对软土应力状态、强度和压缩性的影响；<br>**6** 当地的工程经验。<br>**6.3.7** 软土的岩土工程评价应包括下列内容：<br>**1** 判定地基产生失稳和不均匀变形的可能性；当工程位于池塘、河岸、边坡附近时，应验算其稳定性；<br>**2** 软土地基承载力应根据室内试验、原位测试和当地经验，并结合下列因素综合确定：<br>**1**）软土成层条件、应力历史、结构性、灵敏度等力学特性和排水条件；<br>**2**）上部结构的类型、刚度、荷载性质和分布，对不均匀沉降的敏感性；<br>**3**）基础的类型、尺寸、埋深和刚度等；<br>**4**）施工方法和程序。<br>**3** 当建筑物相邻高低层荷载相差较大时，应分析其变形差异和相互影响；当地面有大面积堆载时，应分析对相邻建筑物的不利影响；<br>**4** 地基沉降计算可采用分层总和法或土的应力历史法，并应根据当地经验进行修正，必要时，应考虑软土的次固结效应；<br>**5** 提出基础形式和持力层的建议；对于上为硬层，下为软土的双层土地基应进行下卧层验算 |

续表

| 序号 | 审查项目 | 审查内容 |
|---|---|---|
| 8.4 | 混合土 | 《岩土工程勘察规范》GB 50021—2001（2009年版）<br>6.4.2 混合土的勘察应符合下列要求：<br>1 查明地形和地貌特征，混合土的成因、分布，下卧土层或基岩的埋藏条件；<br>2 查明混合土的组成、均匀性及其在水平方向和垂直方向上的变化规律；<br>3 勘探点的间距和勘探孔的深度除应满足本规范第4章的要求外，尚应适当加密加深；<br>4 应有一定数量的探井，并应采取大体积土试样进行颗粒分析和物理力学性质测定；<br>5 对粗粒混合土宜采用动力触探试验，并应有一定数量的钻孔或探井检验；<br>6 现场载荷试验的承压板直径和现场直剪试验的剪切面直径都应大于试验土层最大粒径的5倍，载荷试验的承压板面积不应小于$0.5m^2$，直剪试验的剪切面面积不宜小于$0.25m^2$。<br>6.4.3 混合土的岩土工程评价应包括下列：<br>1 混合土的承载力应采用载荷试验、动力触探试验并结合当地经验确定；<br>2 混合土边坡的容许坡度值可根据现场调查和当地经验确定。对重要工程应进行专门试验研究 |
| 8.5 | 填土 | 《岩土工程勘察规范》GB 50021—2001（2009年版）<br>6.5.2 填土勘察应包括下列：<br>1 搜集资料，调查地形和地物的变迁，填土的来源、堆积年限和堆积方式；<br>2 查明填土的分布、厚度、物质成分、颗粒级配、均匀性、密实性、压缩性和湿陷性；<br>3 判定地下水对建筑材料的腐蚀性。<br>6.5.5 填土的岩土工程评价应符合下列要求：<br>1 阐明填土的成分、分布和堆积年代，判定地基的 |

| 序号 | 审查项目 | 审查内容 |
| --- | --- | --- |
| 8.5 | 填　　土 | 均匀性、压缩性和密实度；必要时应按厚度、强度和变形特性分层或分区评价；<br>**2**　对堆积年限较长的素填土、冲填土和由建筑垃圾或性能稳定的工业废料组成的杂填土，当较均匀和较密实时可作为天然地基；由有机质含量较高的生活垃圾和对基础有腐蚀性的工业废料组成的杂填土，不宜作为天然地基；<br>**3**　填土地基承载力应按本规范第4.1.24条的规定综合确定；<br>**4**　当填土底面的天然坡度大于20%时，应验算其稳定性 |
| 8.6 | 多年冻土 | **《岩土工程勘察规范》GB 50021—2001（2009年版）**<br>**6.6.3**　多年冻土勘察应根据多年冻土的设计原则、多年冻土的类型和特征进行，并应查明下列内容：<br>**1**　多年冻土的分布范围及上限深度；<br>**2**　多年冻土的类型、厚度、总含水量、构造特征、物理力学和热学性质；<br>**3**　多年冻土层上水、层间水和层下水的赋存形式、相互关系及其对工程的影响；<br>**4**　多年冻土的融沉性分级和季节融化层土的冻胀性分级；<br>**5**　厚层地下冰、冰椎、冰丘、冻土沼泽、热融滑塌、热融湖塘、融冻泥流等不良地质作用的形态特征、形成条件、分布范围、发生发展规律及其对工程的危害程度。<br>**6.6.6**　多年冻土的岩土工程评价应符合下列要求：<br>**1**　多年冻土的地基承载力，应区别保持冻结地基和容许融化地基，结合当地经验用载荷试验或其他原位测试方法综合确定，对次要建筑物可根据邻近工程经验确定；<br>**2**　除次要工程外，建筑物宜避开饱冰冻土、含土冰 |

续表

| 序号 | 审查项目 | 审查内容 |
| --- | --- | --- |
| 8.6 | 多年冻土 | 层地段和冰椎、冰丘、热融湖、厚层地下冰，融区与多年冻土区之间的过渡带，宜选择坚硬岩层、少冰冻土和多冰冻土地段以及地下水位或冻土层上水位低的地段和地形平缓的高地 |
| 8.7 | 膨胀岩土 | **《膨胀土地区建筑技术规范》GB 50112—2013**<br>**4.3.1** 场地评价应查明膨胀土的分布及地形地貌条件，并应根据工程地质特征及土的膨胀潜势和地基胀缩等级等指标，对建筑场地进行综合评价，对工程地质及土的膨胀潜势和地基胀缩等级进行分区。<br>**《岩土工程勘察规范》GB 50021—2001（2009年版）**<br>**6.7.4** 膨胀岩土的勘察应遵守下列规定：<br>**1** 勘探点宜结合地貌单元和微地貌形态布置；其数量应比非膨胀岩土地区适当增加，其中采取试样的勘探点不应少于全部勘探点的1/2；<br>**2** 勘探孔的深度，除应满足基础埋深和附加应力的影响深度外，尚应超过大气影响深度；控制性勘探孔不应小于8m，一般性勘探孔不应小于5m；<br>**3** 在大气影响深度内，每个控制性勘探孔均应采取Ⅰ、Ⅱ级土试样，取样间距不应大于1.0m，在大气影响深度以下，取样间距可为1.5～2.0m；一般性勘探孔从地表下1m开始至5m深度内，可取Ⅲ级土试样，测定天然含水量。<br>**6.7.8** 膨胀岩土的岩土工程评价应符合下列规定：<br>**1** 对建在膨胀岩土上的建筑物，其基础埋深、地基处理、桩基设计、总平面布置、建筑和结构措施、施工和维护，应符合现行国家标准《膨胀土地区建筑技术规范》（GBJ 112）的规定；<br>**2** 一级工程的地基承载力应采用浸水载荷试验方法确定；二级工程宜采用浸水载荷试验；三级工程可采用饱和状态下不固结不排水三轴剪切试验计算或根据已有经验确定； |

续表

<table>
<tr><th>序号</th><th>审查项目</th><th>审查内容</th></tr>
<tr><td>8.7</td><td>膨胀岩土</td><td>3 对边坡及位于边坡上的工程，应进行稳定性验算；验算时应考虑坡体内含水量变化的影响；均质土可采用圆弧滑动法，有软弱夹层及层状膨胀岩土应按最不利的滑动面验算；具有胀缩裂缝和地裂缝的膨胀土边坡，应进行沿裂缝滑动的验算</td></tr>
<tr><td>8.8</td><td>盐渍岩土</td><td>《岩土工程勘察规范》GB 50021—2001（2009年版）<br>6.8.4 盐渍岩土的勘探测试应符合下列规定：<br>1 除应遵守本规范第4章规定外，勘探点布置尚应满足查明盐渍岩土分布特征的要求；<br>3 工程需要时，应测定有害毛细水上升的高度；<br>4 应根据盐渍土的岩性特征，选用载荷试验等适宜的原位测试方法，对于溶陷性盐渍土尚应进行浸水载荷试验确定其溶陷性；<br>5 对盐胀性盐渍土宜现场测定有效盐胀厚度和总盐胀量，当土中硫酸钠含量不超过1%时，可不考虑盐胀性；<br>6 除进行常规室内试验外，尚应进行溶陷性试验和化学成分分析，必要时可对岩土的结构进行显微结构鉴定；<br>7 溶陷性指标的测定可按湿陷性土的湿陷试验方法进行。<br>6.8.5 盐渍岩土的岩土工程评价应包括下列内容：<br>1 岩土中含盐类型、含盐量及主要含盐矿物对岩土工程特性的影响；<br>2 岩土的溶陷性、盐胀性、腐蚀性和场地工程建设的适宜性；<br>4 确定盐渍岩地基的承载力时，应考虑盐渍岩的水溶性影响；<br>5 盐渍岩边坡的坡度宜比非盐渍岩的软质岩石边坡适当放缓，对软弱夹层、破碎带应部分或全部加以防护；<br>6 盐渍岩土对建筑材料的腐蚀性评价应按本规范第12章执行</td></tr>
</table>

续表

| 序号 | 审查项目 | 审查内容 |
|---|---|---|
| 8.9 | 风化岩和残积 土 | 《岩土工程勘察规范》GB 50021—2001(2009年版)<br>**6.9.2** 风化岩和残积土的勘察应着重查明下列内容:<br>**1** 母岩地质年代和岩石名称;<br>**2** 按本规范附录A表A.0.3划分岩石的风化程度;<br>**3** 岩脉和风化花岗岩中球状风化体(孤石)的分布;<br>**4** 岩土的均匀性、破碎带和软弱夹层的分布;<br>**5** 地下水赋存条件。<br>**6.9.6** 风化岩和残积土的岩土工程评价应符合下列要求:<br>**1** 对于厚层的强风化和全风化岩石,宜结合当地经验进一步划分为碎块状、碎屑状和土状;厚层残积土可进一步划分为硬塑残积土和可塑残积土,也可根据含砾或含砂量划分为黏性土、砂质黏性土和砾质黏性土;<br>**2** 建在软硬互层或风化程度不同地基上的工程,应分析不均匀沉降对工程的影响;<br>**3** 基坑开挖后应及时进行检验,对于易风化的岩类,应及时砌筑基础或采取其他措施,防止风化发展;<br>**4** 对岩脉和球状风化体(孤石),应分析评价其对地基(包括桩基)的影响,并提出相应的建议 |
| 8.10 | 污染土 | 《岩土工程勘察规范》GB 50021—2001(2009年版)<br>**6.10.4** 污染土场地和地基的勘察,应根据工程特点和设计要求选择适宜的勘察手段,并应符合下列要求:<br>**1** 以现场调查为主,对工业污染应着重调查污染源、污染史、污染途径、污染物成分、污染场地已有建筑物受影响程度、周边环境等。对尾矿污染应重点调查不同的矿物种类和化学成分,了解选矿所采用工艺、添加剂及其化学性质和成分等。对垃圾填埋场应着重调查垃圾成分、日处理量、堆积容量、使用年限、防渗结构、变形要求及周边环境等。 |

| 序号 | 审查项目 | 审查内容 |
|---|---|---|
| 8.10 | 污染土 | **2** 采用钻探或坑探采取土试样，现场观察污染土颜色、状态、气味和外观结构等，并与正常土比较，查明污染土分布范围和深度。<br>**3** 直接接触试验样品的取样设备应严格保持清洁，每次取样后均应用清洁水冲洗后再进行下一个样品的采取；对易分解或易挥发等不稳定组分的样品，装样时应尽量减少土样与空气的接触时间，防止挥发性物质流失并防止发生氧化；土样采集后宜采取适宜的保存方法并在规定时间内运送试验室。<br>**6.10.10** 污染土评价应根据任务要求进行，对场地和建筑物地基的评价应符合下列要求：<br>**1** 污染源的位置、成分、性质、污染史及对周边的影响；<br>**2** 污染土分布的平面范围和深度、地下水受污染的空间范围；<br>**3** 污染土的物理力学性质，污染对土的工程特性指标的影响程度；<br>**4** 工程需要时，提供地基承载力和变形参数，预测地基变形特征；<br>**5** 污染土和水对建筑材料的腐蚀性；<br>**6** 污染土和水对环境的影响；<br>**7** 分析污染发展趋势；<br>**8** 对已建项目的危害性或拟建项目适宜性的综合评价 |
| 9 | 边坡工程 | |
| 9.1 | 一般规定 | **《建筑边坡工程技术规范》GB 50330—2002**<br>**4.1.1** 一级建筑边坡工程应进行专门的岩土工程勘察；二、三级建筑边坡工程可与主体建筑勘察一并进行，但应满足边坡勘察的深度和要求；大型的和地质环境条件复杂的边坡宜分阶段勘察；地质环境复杂的一级边坡工程尚应进行施工勘察 |

续表

<table>
<tr><th>序号</th><th>审查项目</th><th>审查内容</th></tr>
<tr><td>9.2</td><td>勘察工作布　　置</td><td>《岩土工程勘察规范》GB 50021—2001（2009年版）<br><br>4.7.4　勘探线应垂直边坡走向布置，勘探点间距应根据地质条件确定。当遇有软弱夹层或不利结构面时，应适当加密。勘探孔深度应穿过潜在滑动面并深入稳定地层2～5m。除常规钻探外，可根据需要，采用探洞、探槽、探井和斜孔</td></tr>
<tr><td>9.3</td><td>工作与评价要求</td><td>《岩土工程勘察规范》GB 50021—2001（2009年版）<br><br>4.7.1　边坡工程勘察应查明下列内容：<br>1　地貌形态，当存在滑坡、危岩和崩塌、泥石流等不良地质作用时，应符合本规范第5章的要求；<br>2　岩土的类型、成因、工程特性，覆盖层厚度，基岩面的形态和坡度；<br>3　岩体主要结构面的类型、产状、延展情况、闭合程度、充填状况、充水状况、力学属性和组合关系，主要结构面与临空面关系，是否存在外倾结构面；<br>4　地下水的类型、水位、水压、水量、补给和动态变化，岩土的透水性和地下水的出露情况；<br>5　地区气象条件（特别是雨期、暴雨强度），汇水面积、坡面植被，地表水对坡面、坡脚的冲刷情况；<br>6　岩土的物理力学性质和软弱结构面的抗剪强度。<br><br>《建筑边坡工程技术规范》GB 50330—2002<br><br>4.1.3　边坡工程勘察报告应包括下列内容：<br>1　在查明边坡工程地质和水文地质的基础上，确定边坡类型和可能的破坏形式；<br>2　提供验算边坡稳定性、变形和设计所需的计算参数值；<br>3　评价边坡的稳定性，并提出潜在的不稳定边坡的整治措施和监测方案的建议；<br>4　对需进行抗震设防的边坡应根据区划提供抗震设防烈度或地震动参数；<br>5　提出边坡整治设计、施工注意事项的建议；</td></tr>
</table>

续表

| 序号 | 审查项目 | 审查内容 |
| --- | --- | --- |
| 9.3 | 工作与评价要求 | 6　对所勘察的边坡工程是否存在滑坡（或潜在滑坡）等不良地质现象，以及开挖或构筑的适宜性做出结论；<br>7　对安全等级为一、二级的边坡工程尚应提出沿边坡开挖线的地质纵、横剖面图 |
| 10 | 岩土参数 | |
| 10.1 | 统计范围 | **《房屋建筑和市政基础设施工程勘察文件编制深度规定》（2010年版）**<br>**4.4.3**　岩土参数统计应符合所依据的技术标准，并符合下列要求：<br>1　岩土的物理力学性质指标，应按岩土单元分层统计；<br>2　应提供岩土参数的统计个数，平均值、最小值、最大值；<br>3　岩土层的主要测试指标（包括孔隙比、压缩模量、黏聚力、内摩擦角、标准贯入试验锤击数、圆锥动力触探锤击数、岩石抗压强度等）应提供统计个数、平均值、最小值、最大值、标准差、变异系数等；<br>4　必要时提供参数建议值 |
| 10.2 | 岩土测试指标统计 | **《岩土工程勘察规范》GB 50021—2001（2009年版）**<br>**14.2.2**　岩土参数统计应符合下列要求：<br>1　岩土的物理力学指标，应按场地的工程地质单元和层位分别统计；<br>2　应按下列公式计算平均值、标准差和变异系数：<br>（公式 14.2.2-1、14.2.2-2 见下） |

$$\phi_m = \frac{\sum_{i=1}^{n}\phi_i}{n} \qquad (14.2.2\text{-}1)$$

$$\sigma_f = \sqrt{\frac{1}{n-1}\left[\sum_{i=1}^{n}\phi_i^2 - \frac{\left(\sum_{i=1}^{n}\phi_i\right)^2}{n}\right]} \qquad (14.2.2\text{-}2)$$

续表

| 序号 | 审查项目 | 审查内容 |
|---|---|---|
| 10.2 | 岩土测试指标统计 | $$\delta=\frac{\sigma_f}{\varphi_m} \qquad (14.2.2\text{-}3)$$ 式中：$\varphi_m$—— 岩土参数的平均值；<br>$\sigma_f$—— 岩土参数的标准差；<br>$\delta$—— 岩土参数的变异系数。<br>**3** 分析数据的分布情况并说明数据的取舍标准 |
| 11 | 岩土工程分析评价和成果报告 | |
| 11.1 | 岩土工程分析评价 | **《岩土工程勘察规范》GB 50021—2001（2009年版）**<br>**14.1.3** 岩土工程分析评价应在定性分析的基础上进行定量分析。岩土体的变形、强度和稳定应定量分析；场地的适宜性、场地地质条件的稳定性，可仅作定性分析。<br>**《房屋建筑和市政基础设施工程勘察文件编制深度规定》（2010年版）**<br>**4.5.2** 岩土工程分析评价应包括下列内容：<br>**1** 场地稳定性、适宜性评价；<br>**2** 特殊性岩土评价（本规定第7章）；<br>**3** 地下水和地表水评价；<br>**4** 岩土工程参数分析；<br>**5** 地基基础方案分析；<br>**6** 根据工程需要进行基坑工程分析；<br>**7** 其他岩土工程相关问题的分析、评价。<br>**4.5.6** 地基基础分析评价应在充分了解拟建工程的设计条件前提下，根据建筑场地工程地质条件，结合工程经验，考虑施工条件对周边环境的影响、材料供应以及地区工程抗震设防烈度等因素，对天然地基、桩基础和地基处理进行评价，提出安全可靠、技术可行、经济合理的一种或几种地基基础方案建议 |

续表

| 序号 | 审查项目 | 审查内容 |
| --- | --- | --- |
| 11.2 | 天然地基 | 《高层建筑岩土工程勘察规程》JGJ 72—2004<br>**8.2.1** 天然地基分析评价应包括以下基本内容：<br>**1** 场地、地基稳定性和处理措施的建议；<br>**2** 地基均匀性；<br>**3** 确定和提供各岩土层尤其是地基持力层承载力特征值的建议值和使用条件；<br>**4** 预测高层和高低层建筑地基的变形特征；<br>**5** 对地基基础方案提出建议；<br>**6** 抗震设防区应对场地地段划分、场地类别、覆盖层厚度、地震稳定性等作出评价；<br>**7** 对地下室防水和抗浮进行评价；<br>**8** 基坑工程评价。<br>《房屋建筑和市政基础设施工程勘察文件编制深度规定》（2010年版）<br>**4.5.7** 天然地基评价应包括下列内容：<br>**1** 采用天然地基的可行性；<br>**2** 天然地基均匀性评价；<br>**3** 建议天然地基持力层；<br>**4** 提供地基承载力；<br>**5** 存在软弱下卧层时，提供验算软弱下卧层计算参数，必要时进行下卧层强度验算；<br>**6** 需进行地基变形计算时，提供变形计算参数 |
| 11.3 | 桩基础 | 《高层建筑岩土工程勘察规程》JGJ 72—2004<br>**8.3.2** 桩基评价应包括以下基本内容：<br>**1** 推荐经济合理的桩端持力层；<br>**2** 对可能采用的桩型、规格及相应的桩端入土深度（或高程）提出建议；<br>**3** 提供所建议桩型的侧阻力、端阻力和桩基设计、施工所需的其他岩土参数；<br>**4** 对沉（成）桩可能性、桩基施工对环境影响的评价和对策以及其他设计、施工应注意事项提出建议。 |

续表

| 序号 | 审查项目 | 审查内容 |
| --- | --- | --- |
| 11.3 | 桩基础 | 《岩土工程勘察规范》GB 50021—2001（2009年版）<br>**4.9.7** 对需要进行沉降计算的桩基工程，应提供计算所需的各层岩土的变形参数，并宜根据任务要求，进行沉降估算 |
| 11.4 | 地基处理 | 《岩土工程勘察规范》GB 50021—2001（2009年版）<br>**4.10.1** 地基处理的岩土工程勘察应满足下列要求：<br>**1** 针对可能采用的地基处理方案，提供地基处理设计和施工所需的岩土特性参数；<br>**2** 预测所选地基处理方法对环境和邻近建筑物的影响；<br>**3** 提出地基处理方案的建议；<br>**4** 当场地条件复杂且缺乏成功经验时，应在施工现场对拟选方案进行试验或对比试验，检验方案的设计参数和处理效果 |
| 11.5 | 基坑工程与地下水控制 | 《岩土工程勘察规范》GB 50021—2001（2009年版）<br>**4.8.11** 岩土工程勘察报告中与基坑工程有关的部分应包括下列内容：<br>**1** 与基坑开挖有关的场地条件、土质条件和工程条件；<br>**2** 提出处理方式、计算参数和支护结构选型的建议；<br>**3** 提出地下水控制方法、计算参数和施工控制的建议；<br>**4** 提出施工方法和施工中可能遇到的问题的防治措施的建议；<br>**5** 对施工阶段的环境保护和监测工作的建议 |
| 11.6 | 成果报告 | 《岩土工程勘察规范》GB 50021—2001（2009年版）<br>**14.3.3** 岩土工程勘察报告应根据任务要求、勘察阶段、工程特点和地质条件等具体情况编写，并应包括下列内容：<br>**1** 勘察目的、任务要求和依据的技术标准； |

| 序号 | 审查项目 | 审查内容 |
| --- | --- | --- |
| 11.6 | 成果报告 | 2 拟建工程概况；<br>3 勘察方法和勘察工作布置；<br>4 场地地形、地貌、地层、地质构造、岩土性质及其均匀性；<br>5 各项岩土性质指标，岩土的强度参数、变形参数、地基承载力的建议值；<br>6 地下水埋藏情况、类型、水位及其变化；<br>7 土和水对建筑材料的腐蚀性；<br>8 可能影响工程稳定的不良地质作用的描述和对工程危害程度的评价；<br>9 场地稳定性和适宜性的评价。<br>《高层建筑岩土工程勘察规程》JGJ 72—2004<br>10.2.2 详细勘察报告应满足施工图设计要求，为高层建筑地基基础设计、地基处理、基坑工程、基础施工方案及降水截水方案的确定等提供岩土工程资料，并应作出相应的分析和评价。<br>《房屋建筑和市政基础设施工程勘察文件编制深度规定》（2010年版）<br>2.0.1 岩土工程勘察文件应根据工程与场地情况、设计要求确定执行的现行技术标准编制。同一部分涉及多个技术标准时，应在相应部分进一步明确依据的技术标准。<br>2.0.4 勘察报告应根据工程特点和设计提出的技术要求编写，应有明确的针对性，详细勘察报告应满足施工图设计的要求。<br>2.0.5 勘察报告签章应符合下列要求： |

续表

| 序号 | 审查项目 | 审查内容 |
| --- | --- | --- |
| 11.6 | 成果报告 | **1** 勘察报告应有完成单位公章，法定代表人、单位技术负责人签章，项目负责人、审核人等相关责任人姓名（打印）及签章，并根据注册执业规定加盖注册章；<br>**2** 图表应有完成人、检查人或审核人签字；<br>**3** 各种室内试验和原位测试，其成果应有试验人、检查人或审核人签字；<br>**4** 当测试、试验项目委托其他单位完成时，受托单位提交的成果还应有该单位印章及责任人签章；<br>**5** 其他签章管理要求。<br><br>**2.0.8** 岩土工程勘察报告文字部分应包括下列内容：<br>**1** 工程与勘察工作概况；<br>**2** 场地环境与工程地质条件；<br>**3** 岩土参数统计；<br>**4** 岩土工程分析评价；<br>**5** 结论与建议。<br><br>**4.2.1** 工程与勘察工作概况应包括下列内容：<br>**1** 拟建工程概况；<br>**2** 勘察目的、任务要求和依据的技术标准；<br>**3** 岩土工程勘察等级；<br>**4** 勘察方法及勘察工作完成情况；<br>**5** 其他必要的说明。<br><br>**4.3.1** 场地环境与工程地质条件主要包括以下内容：<br>**1** 根据工程需要叙述气象和水文情况；<br>**2** 根据工程需要叙述区域地质构造情况；<br>**3** 场地地形、地貌；<br>**4** 不良地质作用及地质灾害的种类、分布、发育程度；<br>**5** 场地各层岩土的年代、类型、成因、分布、工程特性，岩层的产状、岩体结构和风化情况；<br>**6** 埋藏的河道、浜沟、池塘、墓穴、防空洞、孤石及溶洞等对工程不利的埋藏物的特征、分布；<br>**7** 地下水和地表水。 |

续表

| 序号 | 审查项目 | 审查内容 |
|---|---|---|
| 11.6 | 成果报告 | **4.6.1** 结论与建议应有明确的针对性，并包括下列内容：<br>**1** 岩土工程评价的重要结论的简明阐述；<br>**2** 工程设计施工应注意的问题；<br>**3** 工程施工对环境的影响及防治措施的建议；<br>**4** 其他相关问题及处置建议 |
| 12 | 图　表 | **《房屋建筑和市政基础设施工程勘察文件编制深度规定》（2010年版）**<br>**9.1.3** 勘察报告图件应有图例，图表应有图表名称、项目名称，图件应采用恰当比例尺，平面图应标识方向。<br>**9.1.5** 勘察报告应包括下列图表：<br>**1** 勘探点平面位置图；<br>**2** 工程地质剖面图；<br>**3** 原位测试成果图表；<br>**4** 室内试验成果图表；<br>**5** 探井（探槽）展示图；<br>**6** 物理力学试验指标统计表 |

# 四、市政基础设施工程勘察文件技术审查要点

## （一）城市桥涵

| 序号 | 审查项目 | 审查内容 |
|---|---|---|
| 1 | 基本规定 | 1. 勘察目的、任务要求和依据的技术标准应满足设计委托及合同的要求，并在勘察报告中予以明确。<br>2. 城市桥涵工程勘察应主要执行《市政工程勘察规范》CJJ 56—2012、《公路工程地质勘察规范》JTG C20—2011、《公路桥梁抗震设计细则》JTG/T B02—01—2008。<br>**《市政工程勘察规范》CJJ 56—2012**<br>**1.0.3　市政工程必须按基本建设程序进行岩土工程勘察，并应搜集、分析、利用已有资料和建设经验，针对市政工程特点、各勘察阶段的任务要求和岩土工程条件，提出资料完整、评价正确的勘察报告** |
| 1.1 | 基本要求 | **《市政工程勘察规范》CJJ 56—2012**<br>**4.4.1　市政工程详细勘察应针对工程特点和场地岩土条件，进行岩土工程分析与评价，提供设计和施工所需的岩土参数及有关结论和建议。**<br>**6.1.2**　城市桥涵工程勘察前应根据不同勘察工作阶段的要求，取得下列图纸和资料：<br>**1**　工程设计总平面图；<br>**2**　工程规模、结构类型、基础形式、尺寸、荷载等设计要求；<br>**3**　周边环境和地下设施的相关资料。<br>**6.1.3**　城市桥涵勘察应对地基作出岩土工程评价，为地基方案选择及基础设计提供工程地质依据和必要的设计参数，并提出相应的建议。 |

续表

| 序号 | 审查项目 | 审查内容 |
|---|---|---|
| | | **6.4.1** 详细勘察应查明地基的岩土工程条件，提供地基基础设计、地基处理与加固、不良地质作用防治与特殊性岩土治理的建议和相关岩土技术参数。 |
| 1.1 | 基本要求 | **《公路工程地质勘察规范》JTG C20—2011**<br>**6.1.1** 详细勘察应查明公路沿线及各类构筑物建设场地的工程地质条件，为施工图设计提供工程地质资料。<br>**6.1.2** 详细勘察应充分利用初勘取得的各项地质资料，采用以钻探、测试为主，调绘、物探、简易勘探等手段为辅的综合勘察方法，对路线及各类构筑物建设场地的工程地质条件进行勘察 |
| 1.2 | 勘察要求 | **《市政工程勘察规范》CJJ 56—2012**<br>**4.4.2** 市政工程详细勘察工作内容应包括下列内容：<br>**1** 查明拟建场地不良地质作用的分布、规模、成因，分析发展趋势，评价其对拟建场地的影响，提出防治措施的建议；<br>**2** 查明场地地层结构及其物理、力学性质；<br>**3** 查明特殊性岩土、河湖沟坑及暗浜的分布范围，调查工程周边环境条件，分析评价其对设计与施工的影响；<br>**4** 查明地下水埋藏条件及其和地表水的补排关系，提供地下水位动态变化规律，根据需要分析评价其对工程的影响；<br>**5** 判定水、土对工程材料的腐蚀性；<br>**6** 对场地和地基的地震效应进行评价，提出抗震设计所需的有关参数；<br>**7** 根据需要，对地基工程性质、围岩分级及稳定性、边坡稳定性等进行分析与评价；<br>**8** 对设计与施工中的岩土工程问题进行分析评价，提供岩土工程技术建议和相关岩土参数。 |

续表

| 序号 | 审查项目 | 审查内容 |
| --- | --- | --- |
| 1.2 | 勘察要求 | **6.1.4** 城市桥涵勘察工作除应符合本规范第4章的相关规定外，尚应符合下列规定：<br>**1** 应提出可能采用的地基基础形式，并提供相应的设计与施工岩土参数；<br>**2** 对于跨河桥应搜集河流水文资料；<br>**3** 应评价拟建工程与既有地下设施之间的相互影响。<br>**《公路工程地质勘察规范》JTG C20—2011**<br>**6.10.1** 涵洞详勘应在确定的涵洞位置上进行，查明涵洞场地的工程地质条件，其内容应符合第5.10.1条的规定。<br>**6.11.1** 桥梁详勘应根据现场地形地质条件和桥型、桥跨、基础形式制定勘察方案，查明桥位工程地质条件，其内容应符合第**5.11.1**条的规定 |
| 2 | 勘探点的布置 | |
| 2.1 | 勘探点的布置原则 | **《市政工程勘察规范》CJJ 56—2012**<br>**6.4.2** 勘探点的布置应符合下列规定：<br>**1** 对特大桥的主桥，每个墩台勘探点不应少于2个；对其他桥梁，宜逐墩台布置勘探点，岩土条件复杂程度等级为三级时可隔墩台布点。<br>**2** 对人行天桥主桥可逐墩台布点，梯道可隔墩台布点，梯脚部位应布置勘探点。<br>**3** 城市涵洞和人行地下通道的勘探点间距宜为20～35m。单个涵洞、人行地下通道的勘探点不应少于2个，当场地或岩土条件复杂程度为一级时应适当增加勘探点。<br>**4** 相邻勘探点揭示的地层变化较大、影响基础设计和施工方案的选择时，应适当增加勘探点数量。 |

续表

| 序号 | 审查项目 | 审查内容 |
|---|---|---|
| 2.1 | 勘探点的布置原则 | 《公路工程地质勘察规范》JTG C20—2011<br>6.10.3 每座涵洞勘探测试点的数量不宜少于1个。地质条件复杂，涵洞长度较长时，宜沿涵洞轴线布置勘探断面，每条勘探断面上的勘探测试点数量不宜少于2个。<br>6.11.3 工程地质勘探应符合下列要求：<br>1 桥梁墩、台的勘探钻孔应根据地质条件按图6.11.3在基础的周边或中心布置。当有特殊性岩土、不良地质或基础设计施工需进一步探明地质情况时，可在轮廓线外围布孔，或与原位测试、物探结合进行综合勘探。<br>2 工程地质条件简单的桥位，每个墩（台）宜布置1个钻孔；工程地质条件较复杂的桥位，每个墩台的钻孔数量不得少于1个。遇有断裂带、软弱夹层等不良地质或工程地质条件复杂时，应结合现场地质条件及基础工程设计要求确定每个墩台的钻孔数量。<br>3 沉井基础或采用钢围堰施工的基础，当基岩面起伏变化较大或遇涌砂、大漂石、树干、老桥基等情况时，应在基础周围加密钻孔，确定基岩顶面、沉井或钢围堰埋置深度。<br>4 悬索桥及斜拉桥的桥塔、锚碇基础、高墩基础，其勘探钻孔宜按图6.11.3中的4、5、6布置，或按设计要求研究后布置。<br>5 桥梁墩台位于沟谷岸坡或陡坡地段时，宜采用井下电视、硐探等探明控制斜坡稳定的结构面 |
| 2.2 | 勘探孔深度 | 《市政工程勘察规范》CJJ 56—2012<br>6.4.3 勘探孔深度应符合下列规定：<br>1 当拟采用天然地基时，勘探孔深度应能控制地基主要受力层。一般性勘探孔应达到基底下（0.5～1.0）倍的基础宽度，且不应小于5m；控制性勘探孔的深度应超过地基变形计算深度；对覆盖层较薄的岩质地基，勘探孔深度应达到可能的持力层（或埋置深度）以下3～5m； |

续表

<table>
<tr><th>序号</th><th>审查项目</th><th>审查内容</th></tr>
<tr><td>2.2</td><td>勘探孔深度</td><td>2 当拟采用桩基时，控制性勘探孔应穿透桩端平面以下压缩层厚度；一般性勘探孔深度宜达到预计的桩端以下（3～5）倍桩径，且不应小于3m，对于大直径桩不应小于5m；嵌岩桩的控制性勘探孔应深入预计嵌岩面以下（3～5）倍桩径，一般性勘探孔应深入预计嵌岩面以下（1～3）倍桩径，并应穿过溶洞、破碎带，达到稳定地层；<br>3 当采用沉井基础时，勘探孔深度应根据沉井刃脚埋深和地质条件确定，宜达到沉井刃脚以下（0.5～1.0）倍沉井直径（宽度），并不应小于5m。<br>《公路工程地质勘察规范》JTG C20—2011<br>6.11 桥梁<br>6.11.3 工程地质勘探应符合下列要求：<br>6 钻孔深度应根据基础类型和地基的地质条件确定，并符合下列要求：<br>1） 天然地基或浅基础：钻孔钻入持力层以下的深度不得小于3m。<br>2） 桩基、沉井、锚碇基础：钻孔钻入持力层以下的深度不得小于5m。持力层下有软弱地层分布时，钻孔深度应加深</td></tr>
<tr><td>3</td><td>取样与测试</td><td>《市政工程勘察规范》CJJ 56—2012<br>6.4.4 详细勘察阶段，控制性勘探孔数量不应少于勘探孔总数的1/3；采取土试样和进行原位测试的勘探孔数量不应少于勘探孔总数的1/2；当勘探孔总数少于3个时，每个勘探孔均应取样或进行原位测试。<br>《公路工程地质勘察规范》JTG C20—2011<br>6.10 涵洞<br>6.10.3 勘探、取样、测试应符合第5.10.3条的规定。<br>6.11 桥梁<br>6.11.4 取样、测试应符合第5.11.4条的规定</td></tr>
</table>

| 序号 | 审查项目 | 审查内容 |
| --- | --- | --- |
| 4 | 室内试验 | **《市政工程勘察规范》CJJ 56—2012**<br>**3.0.3** 市政工程的岩土室内试验的试验方法、操作和采用的仪器设备应符合国家现行有关标准的规定。<br>**3.0.4** 市政工程的岩土试验项目可按本规范附录A的规定并结合设计施工条件、工程地质与水文地质条件和岩土条件综合确定。<br>**《公路工程地质勘察规范》JTG C20—2011**<br>**3.8.2** 室内试验应符合现行《公路土工试验规程》（JTG E40）、《公路工程岩石试验规程》（JTG E41）等相关标准的规定 |
| 5 | 场地和地基的地震效应 | **《市政工程勘察规范》CJJ 56—2012**<br>**3.0.5** 市政工程场地地震效应评价应符合国家现行抗震设计标准的规定 |
| 5.1 | 地震动参数 | **《公路桥梁抗震设计细则》JTG/T B02—01—2008**<br>**1.0.6** 抗震设防烈度必须按国家规定权限审批、颁发的文件（图件）确定。一般情况下，抗震设防烈度可采用现行《中国地震动参数区划图》规定的地震基本烈度。对桥址已做过专门地震安全性评价的桥梁，应按批准的抗震设防烈度或设计地震动参数进行抗震设防 |
| 5.2 | 场地类别 | **《公路工程地质勘察规范》JTG C20—2011**<br>**7.10.12** 工程场地类别应按表7.10.12进行划分 |
| 5.3 | 液化判别 | **《公路工程地质勘察规范》JTG C20—2011**<br>**7.11.1** 地震动峰值加速度大于或等于0.1g的地区，地面以下20m的深度范围内有饱和砂土、粉土时，应进行地震液化工程地质勘察 |

| 序号 | 审查项目 | 审查内容 |
| --- | --- | --- |
| 6 | 岩土工程分析评价和成果报告 | |
| 6.1 | 岩土工程分析评价 | **《市政工程勘察规范》CJJ 56—2012**<br>**6.4.5** 详细勘察应重点分析评价下列内容：<br>**1** 对地基基础方案进行分析评价，提供设计所需的岩土参数，对设计与施工中的岩土工程问题提出建议；<br>**2** 当拟采用桩基时，提出桩型、施工方法的建议，分析拟选桩端持力层及下卧层的分布规律，提出桩端持力层方案的建议；<br>**3** 提供计算单桩承载力、桩基变形验算的岩土参数，评价成（沉）桩可能性，论证桩的施工条件及其对周边环境的影响；<br>**4** 当桩身周围有液化土层分布时，应评价液化土层对基桩设计的影响，提供相应参数；<br>**5** 当桩身周围存在可能产生负摩阻力的土层时，应分析其对基桩承载力的影响；<br>**6** 当拟采用沉井时，提供井壁与土体间的摩擦力、沉井设计、施工和沉井基础稳定性验算的相关岩土参数。对沉井外壁与土的摩阻力，当无测试数据时，可按本规范附录B取值；<br>**7** 评价地下水对沉井施工可能产生的影响和沉井施工可能性，论证沉井施工条件及其对环境的影响；<br>**8** 对涵洞、人行地下通道等工程，分析评价地下水对工程的影响；工程需要时，应进行专项工作，分析评价地下水在运营期间的变化，提供抗浮设计的建议；<br>**9** 对在河床中设墩台的桥梁，应提供抗冲刷计算所需的岩土参数。<br>**6.4.6** 对遇有的不良地质作用及特殊性岩土，分析评价尚应符合下列规定： |

续表

| 序号 | 审查项目 | 审查内容 |
| --- | --- | --- |
| 6.1 | 岩土工程分析评价 | **1** 岩溶发育地区，应根据岩溶发育的地质背景、溶洞、土洞、塌陷的形态、平面位置和顶底标高，分析岩溶的稳定性及其对拟建桥涵工程的影响，提出治理和监测的建议；<br>**2** 当存在采空区时，应根据采空区的埋深、范围和上覆岩层的性质等评价桥涵工程地基的稳定性，并提出处理措施的建议；<br>**3** 湿陷性土地区，应根据土层的湿陷程度、地下水条件，分析评价湿陷性土对桥涵工程的危害程度并提出地基处理措施的建议；<br>**4** 膨胀岩土地区，应评价膨胀岩土的工程特性，并应根据场地的环境条件和岩土体增水后体积膨胀、强度衰减和失水后体积收缩、强度增大的变化特点，综合评价桥涵工程的地基强度和变形特征；<br>**5** 软土地区，应根据软土的分布范围、分布规律和物理力学性质，评价桥涵地基的稳定性和变形特征，并提出地基处理措施的建议；<br>**6** 多年冻土地区，应根据多年冻土的类型、工程地质条件及采用的设计原则，综合评价多年冻土的地基强度、变形特征，并提出地基处理措施的建议；<br>**7** 对厚层填土，应根据填土的堆积年代、物质组成、均匀性、密实度等，评价其对拟建桥涵地基基础的影响，提出加固处理措施的建议 |
| 6.2 | 成果报告 | **《市政工程勘察规范》CJJ 56—2012**<br>**11.2.4** 详细勘察报告宜包括以下内容：<br>**1** 勘察目的、任务要求和依据的技术标准；<br>**2** 拟建工程概况；<br>**3** 勘察方法和勘察工作布置；<br>**4** 场地地形地貌、地质构造、地震效应、地层岩性及均匀性；<br>**5** 岩土物理、力学性质指标，岩土的强度参数、变形计算参数等的建议值；<br>**6** 地下水类型、埋藏条件、变化规律及其和地表水补排关系的分析；<br>**7** 土和水对建筑材料的腐蚀性评价； |

续表

| 序号 | 审查项目 | 审查内容 |
| --- | --- | --- |
| 6.2 | 成果报告 | **8** 可能影响工程稳定的不良地质作用、地质灾害、特殊性岩土的描述及其危害程度的评价；<br>**9** 地基基础方案的分析论证及设计所需的各项岩土参数；<br>**10** 对建（构）筑物施工及使用过程中的岩土工程问题的分析预测及预防、监控及治理措施的建议；<br>**11** 各类市政工程的重点分析评价内容；<br>**12** 附图表：勘探点平面布置图、工程地质柱状图、工程地质剖面图、原位测试成果图表、室内试验成果图表等。<br>**《公路工程地质勘察规范》JTG C20—2011**<br>**6.10** 涵洞<br>**6.10.4** 资料要求应符合第5.10.4条的规定。<br>**6.11** 桥梁<br>**6.11.5** 资料要求应符合第5.11.5条的规定 |

## （二）城市室外管道

| 序号 | 审查项目 | 审查内容 |
| --- | --- | --- |
| 1 | 基本规定 | 1. 勘察目的、任务要求和依据的技术标准应满足设计委托及合同的要求，并在勘察报告中予以明确。<br>2. 城市室外管道工程勘察应主要执行《市政工程勘察规范》CJJ 56—2012、《室外给水排水和燃气热力工程抗震设计规范》GB 50032—2003。<br>**《市政工程勘察规范》CJJ 56—2012**<br>**1.0.3** **市政工程必须按基本建设程序进行岩土工程勘察，并应搜集、分析、利用已有资料和建设经验，针对市政工程特点、各勘察阶段的任务要求和岩土工程条件，提出资料完整、评价正确的勘察报告** |
| 1.1 | 基本要求 | **《市政工程勘察规范》CJJ 56—2012**<br>**4.4.1** **市政工程详细勘察应针对工程特点和场地岩土条件，进行岩土工程分析与评价，提供设计和施工所需的岩土参数及有关结论和建议。**<br>**8.1.2** 勘察前应根据不同勘察工作阶段的要求，取得下列图纸和资料：<br>**1** 管道总平面布置图；<br>**2** 管道类型、管底控制高程、管径（或断面尺寸）、管材和可能采取的施工工法；<br>**3** 周边既有地下埋设物分布情况。<br>**8.1.3** 城市室外管道勘察应为明挖法管道地基基础及顶管、定向钻施工的设计、地基处理与加固、管道基槽开挖和支护、排水设计等提供必要的岩土参数和相关建议。 |

续表

| 序号 | 审查项目 | 审查内容 |
| --- | --- | --- |
| 1.1 | 基本要求 | **8.4.1** 详细勘察应按管道设计方案、施工工法、设计对勘察的技术要求，为施工图设计和施工提供所需的岩土参数及相关建议 |
| 1.2 | 勘察要求 | **《市政工程勘察规范》CJJ 56—2012**<br>**4.4.2** 市政工程详细勘察工作内容应包括下列内容：<br>**1** 查明拟建场地不良地质作用的分布、规模、成因，分析发展趋势，评价其对拟建场地的影响，提出防治措施的建议；<br>**2** 查明场地地层结构及其物理、力学性质；<br>**3** 查明特殊性岩十、河湖沟坑及暗浜的分布范围，调查工程周边环境条件，分析评价其对设计与施工的影响；<br>**4** 查明地下水埋藏条件及其和地表水的补排关系，提供地下水位动态变化规律，根据需要分析评价其对工程的影响；<br>**5** 判定水、土对工程材料的腐蚀性；<br>**6** 对场地和地基的地震效应进行评价，提出抗震设计所需的有关参数；<br>**7** 根据需要，对地基工程性质、围岩分级及稳定性、边坡稳定性等进行分析与评价；<br>**8** 对设计与施工中的岩土工程问题进行分析评价，提供岩土工程技术建议和相关岩土参数。<br>**8.1.4** 城市室外管道勘察工作除应符合本规范第4章规定外，尚应符合下列规定：<br>**1** 管道通过基岩埋藏较浅的地段时，应查明对设计和施工方案有影响的基岩埋深及其风化、破碎程度。<br>**2** 应在管顶和管底部位采取土、水试样进行腐蚀性分析试验。对钢、铸铁金属管道，尚应针对管道埋设深度范围内各岩土层进行电阻率测试 |

续表

<table>
<tr><th>序号</th><th>审查项目</th><th>审查内容</th></tr>
<tr><td>2</td><td>勘探点的布　置</td><td></td></tr>
<tr><td>2.1</td><td>勘探点的布置原则</td><td>

**《市政工程勘察规范》CJJ 56—2012**

**8.4.2**　详细勘察的勘探点布置应符合下列规定：

**1**　明挖管道勘探点宜沿管道中线布置；因现场条件需移位调整时，勘探点位置不宜偏离管道外边线3m；顶管、定向钻施工管道的勘探点宜沿管道外侧交叉布置，并满足设计、施工要求；

**2**　管道走向转角处、工作井（室）宜布置勘探点；

**3**　管道穿越河流时，河床及两岸均应布置勘探点；穿越铁路、公路时，铁路和公路两侧应布置勘探点；

**4**　详细勘察勘探点间距宜符合表8.4.2的规定。

**表8.4.2　详细勘察勘探点间距（m）**

<table>
<tr><th>场地或岩土条件复杂程度</th><th>埋深小于5m，明挖施工</th><th>埋深5～8m，明挖施工</th><th>埋深大于8m，明挖施工</th><th>顶管、定向钻施工</th></tr>
<tr><td>一级</td><td>50～100</td><td>40～75</td><td>30～50</td><td>20～30</td></tr>
<tr><td>二级</td><td>100～150</td><td>75～100</td><td>50～75</td><td>30～50</td></tr>
<tr><td>三级</td><td>150～200</td><td>100～200</td><td>75～150</td><td>50～100</td></tr>
</table>

</td></tr>
<tr><td>2.2</td><td>勘探孔深度</td><td>

**《市政工程勘察规范》CJJ 56—2012**

**8.4.3**　详细勘察的勘探孔深度应符合下列规定：

**1**　明挖管道勘探孔深度应满足开挖、地下水控制、支护设计及施工的要求，且应达到管底设计高程以下不少于3m；非开挖敷设管道，勘探孔深度应达到管底设计高程以下5～10m；

**2**　当基底下存在松软土层、厚层填土和可液化土层时，勘探孔深度应适当加深

</td></tr>
<tr><td>3</td><td>取样与测　试</td><td>

**《市政工程勘察规范》CJJ 56—2012**

**8.4.4**　详细勘察采取土试样和进行原位测试的勘探孔数量不应少于勘探孔总数的1/2

</td></tr>
</table>

续表

| 序号 | 审查项目 | 审查内容 |
|---|---|---|
| 4 | 室内试验 | 《市政工程勘察规范》CJJ 56—2012<br>**3.0.3** 市政工程的岩土室内试验的试验方法、操作和采用的仪器设备应符合国家现行有关标准的规定。<br>**3.0.4** 市政工程的岩土试验项目可按本规范附录A的规定并结合设计施工条件、工程地质与水文地质条件和岩土条件综合确定 |
| 5 | 场地和地基的地震效应 | 《市政工程勘察规范》CJJ 56—2012<br>**3.0.5** 市政工程场地地震效应评价应符合国家现行抗震设计标准的规定 |
| 5.1 | 地震动参数 | 《室外给水排水和燃气热力工程抗震设计规范》GB 50032—2003<br>**1.0.4** 抗震设防烈度应按国家规定的权限审批、颁发的文件（图件）确定。<br>《岩土工程勘察规范》GB 50021—2001（2009年版）<br>**5.7.1** 抗震设防烈度等于或大于6度的地区，应进行场地和地基地震效应的岩土工程勘察，并应根据国家批准的地震动参数区划和有关的规范，提出勘察场地的抗震设防烈度、设计基本地震加速度和设计地震分组 |
| 5.2 | 场地类别 | 《室外给水排水和燃气热力工程抗震设计规范》GB 50032—2003<br>**4.1.1** 建(构)筑物、管道场地的类别划分，应以土层的等效剪切波速和场地覆盖层厚度的综合影响作为判别依据。<br>**4.1.4** 工程场地覆盖层厚度的确定应符合下列要求：<br>**1** 一般情况下应按地面至剪切波速大于500m/s土层顶面的距离确定； |

续表

| 序号 | 审查项目 | 审查内容 |
| --- | --- | --- |
| 5.2 | 场地类别 | **2**　当地面5m以下存在剪切波速大于相邻上层土剪切波速的2.5倍的土层，且其下卧土层的剪切波速均不小于400m/s时，可取地面至该土层顶面的距离确定；<br>**3**　剪切波速大于500m/s的孤石、透镜体，应视同周围土层；<br>**4**　土层中的火山岩硬夹层，应视为刚体，其厚度应从覆盖土层中扣除 |
| 5.3 | 液化判别 | **《室外给水排水和燃气热力工程抗震设计规范》GB 50032—2003**<br>**4.3.1**　饱和砂土或粉土(不含黄土)的液化判别及相应的地基处理，对位于设防烈度为6度地区的建(构)筑物和管道工程可不考虑。<br>**4.3.3**　饱和砂土或粉土经初步液化判别后，确认需要进一步做液化判别时，应采用标准贯入试验法。当标准贯入锤击数实测值（未经杆长修正）小于液化判别标准贯入锤击数临界值时，应判为液化土。<br>**4.3.5**　对存在液化土层的地基，应根据其钻孔的液化指数按表4.3.5确定液化等级。 |
| 6 | 岩土工程分析评价和成果报告 | |

**表4.3.5　液化等级划分表**

| 判别深度 \ 液化等级 | 轻微 | 中等 | 严重 |
| --- | --- | --- | --- |
| 15 | $0<I_{lE}\leqslant5$ | $5<I_{lE}\leqslant15$ | $I_{lE}>15$ |
| 20 | $0<I_{lE}\leqslant6$ | $6<I_{lE}\leqslant18$ | $I_{lE}>18$ |

| 序号 | 审查项目 | 审查内容 |
| --- | --- | --- |
| 6.1 | 岩土工程分析评价 | **《市政工程勘察规范》CJJ 56—2012**<br>**8.4.5** 详细勘察应重点分析评价下列内容：<br>**1** 分析评价拟建场地的不良地质作用、特殊性岩土的分布情况及其对管道的影响，提供相应处理措施的建议；<br>**2** 对拟采用明挖施工方案的深埋管道及工作竖井，应提供基坑边坡稳定性计算参数及基坑支护设计参数；<br>**3** 分析评价地下水对工程设计、施工的影响，提供地下水控制所需地层参数，并评价地下水控制方案对工程周边环境的影响；<br>**4** 当采用顶管、定向钻敷设管道时，应提供相应工法设计、施工所需参数；对于稳定性较差地层及可能产生流砂、管涌等地层，应提出预加固处理的建议；<br>**5** 管道穿越堤岸时，应分析破堤对堤岸稳定性的影响和堤岸变形对管道的影响，提供相关建议 |
| 6.2 | 成果报告 | **《市政工程勘察规范》CJJ 56—2012**<br>**11.2.4** 详细勘察报告宜包括以下内容：<br>**1** 勘察目的、任务要求和依据的技术标准；<br>**2** 拟建工程概况；<br>**3** 勘察方法和勘察工作布置；<br>**4** 场地地形地貌、地质构造、地震效应、地层岩性及均匀性；<br>**5** 岩土物理、力学性质指标，岩土的强度参数、变形计算参数等的建议值；<br>**6** 地下水类型、埋藏条件、变化规律及其和地表水补排关系的分析；<br>**7** 土和水对建筑材料的腐蚀性评价；<br>**8** 可能影响工程稳定的不良地质作用、地质灾害、特殊性岩土的描述及其危害程度的评价；<br>**9** 地基基础方案的分析论证及设计所需的各项岩土参数； |

续表

| 序号 | 审查项目 | 审查内容 |
|---|---|---|
| 6.2 | 成果报告 | **10** 对建（构）筑物施工及使用过程中的岩土工程问题的分析预测及预防、监控及治理措施的建议；<br>**11** 各类市政工程的重点分析评价内容；<br>**12** 附图表：勘探点平面布置图、工程地质柱状图、工程地质剖面图、原位测试成果图表、室内试验成果图表等 |

## （三）城市道路和支挡工程

| 序号 | 审查项目 | 审查内容 |
| --- | --- | --- |
| 1 | 基本规定 | 1. 勘察目的、任务要求和依据的技术标准应满足设计委托及合同的要求，并在勘察报告中予以明确。<br>2. 城市道路和支挡工程勘察应主要执行《市政工程勘察规范》CJJ 56—2012、《公路工程地质勘察规范》JTG C20—2011。<br>**《市政工程勘察规范》CJJ 56—2012**<br>**1.0.3　市政工程必须按基本建设程序进行岩土工程勘察，并应搜集、分析、利用已有资料和建设经验，针对市政工程特点、各勘察阶段的任务要求和岩土工程条件，提出资料完整、评价正确的勘察报告** |
| 1.1 | 基本要求 | **《市政工程勘察规范》CJJ 56—2012**<br>**4.4.1　市政工程详细勘察应针对工程特点和场地岩土条件，进行岩土工程分析与评价，提供设计和施工所需的岩土参数及有关结论和建议。**<br>**5.1.2**　城市道路工程勘察前应根据不同勘察阶段工作的要求，取得下列图纸和资料：<br>**1**　道路、公交场站、城市广场的设计总平面布置图；<br>**2**　道路类别、路面设计标高、路基类型、宽度、道路纵横断面、拟采用的路面结构类型，城市广场的基底高程；<br>**3**　工程需要时，尚应取得高填方路堤的工后沉降控制标准等。<br>**5.1.3**　城市道路勘察应对沿线路基的稳定性和岩土条件作出工程评价，并为路基设计、不良地质作用的防治、特殊性岩土的治理等提供必要的岩土参数和建议。 |

续表

| 序号 | 审查项目 | 审查内容 |
| --- | --- | --- |
| 1.1 | 基本要求 | **5.4.1** 详细勘察应根据确定的道路设计方案、设计对勘察的技术要求，为道路设计、路基处理、道路施工等提供详细的岩土参数，并作出分析、评价，提出相关建议。<br>**6.1.1** 详细勘察应查明公路沿线及各类构筑物建设场地的工程地质条件，为施工图设计提供工程地质资料。<br>**6.1.2** 详细勘察应充分利用初勘取得的各项地质资料，采用以钻探、测试为主，调绘、物探、简易勘探等手段为辅的综合勘察方法，对路线及各类构筑物建设场地的工程地质条件进行勘察 |
| | | **《市政工程勘察规范》CJJ 56—2012** |
| 1.2 | 勘察要求 | **4.4.2** 市政工程详细勘察工作内容应包括下列内容：<br>**1** 查明拟建场地不良地质作用的分布、规模、成因，分析发展趋势，评价其对拟建场地的影响，提出防治措施的建议；<br>**2** 查明场地地层结构及其物理、力学性质；<br>**3** 查明特殊性岩土、河湖沟坑及暗浜的分布范围，调查工程周边环境条件，分析评价其对设计与施工的影响；<br>**4** 查明地下水埋藏条件及其和地表水的补排关系，提供地下水位动态变化规律，根据需要分析评价其对工程的影响；<br>**5** 判定水、土对工程材料的腐蚀性；<br>**6** 对场地和地基的地震效应进行评价，提出抗震设计所需的有关参数；<br>**7** 根据需要，对地基工程性质、围岩分级及稳定性、边坡稳定性等进行分析与评价；<br>**8** 对设计与施工中的岩土工程问题进行分析评价，提供岩土工程技术建议和相关岩土参数。 |

续表

| 序号 | 审查项目 | 审查内容 |
| --- | --- | --- |
| 1.2 | 勘察要求 | **5.1.4** 城市道路勘察工作除应符合本规范第4章的相关规定外，尚应符合下列规定：<br>**1** 应查明沿线各区段的土基湿度状况，并提供划分路基干湿类型所需参数；<br>**2** 应评价地表水和地下水对路基稳定性的影响；<br>**3** 应评价沿线不良地质作用及特殊性岩土对路基稳定性的影响，并提出防治措施的建议。<br>**6.3** 一般路基<br>**6.3.1** 一般路基详勘应在确定的路线上查明各填方、挖方路段的工程地质条件，其内容应符合第5.3.1条的规定。<br>**6.4** 高路堤<br>**6.4.1** 高路堤详勘应在确定的路线上查明高路堤路段的工程地质条件，其内容应符合第5.4.2条的规定。<br>**6.5** 陡坡路堤<br>**6.5.1** 陡坡路堤详勘应在确定的路线上查明陡坡路段的工程地质条件，其内容应符合第5.5.2条的规定。<br>**6.6** 深路堑<br>**6.6.1** 深路堑详勘应在确定的路线上查明深挖路段的工程地质条件，其内容应符合第5.6.2条的规定。<br>**6.7** 支挡工程<br>**6.7.1** 支挡工程详勘应在确定的构筑物位置上查明支挡路段工程地质条件，其内容应符合第5.7.1条的规定 |
| 2 | 勘探点的布　　置 | |
| 2.1 | 勘探点的布置原则 | **《市政工程勘察规范》CJJ 56—2012**<br>**5.4.2** 详细勘察勘探点的布置应符合下列规定：<br>**1** 道路勘探点宜沿道路中线布置。当一般路基的道路宽度大于50m、其他路基形式的道路宽度大于30m时，宜在道路两侧交错布置勘探点。当路基岩土条件特别复杂时，应布置横剖面。 |

续表

<table>
<tr><th>序号</th><th>审查项目</th><th>审查内容</th></tr>
<tr><td>2.1</td><td>勘探点的布置原则</td><td>
2　详细勘察勘探点的间距可根据道路分类、场地和岩土条件的复杂程度按表5.4.2确定。公交场站和城市广场的道路与地面可按方格网布置勘探点，勘探点间距宜为50～100m。
表5.4.2　详细勘察勘探点间距（m）
<table>
<tr><th>场地及岩土条件复杂程度</th><th>一般路基</th><th>高路堤、陡坡路堤</th><th>路堑、支挡结构</th></tr>
<tr><td>一级</td><td>50～100</td><td>30～50</td><td>30～50</td></tr>
<tr><td>二级</td><td>100～200</td><td>50～100</td><td>50～75</td></tr>
<tr><td>三级</td><td>200～300</td><td>100～200</td><td>75～150</td></tr>
</table>
3　每个地貌单元、不同地貌单元交界部位、相同地貌内的不同工程地质单元均应布置勘探点，在微地貌和地层变化较大的地段应予以加密。
4　路堑、陡坡路堤及支挡工程的勘察，应在代表性的区段布设工程地质横断面，每条横断面上的勘探点不应少于2个。
5　当线路通过沟、浜、湮埋的沟坑和古河道等地段时，勘探点的间距宜控制在20～40m，控制边界线勘探点间距可适当加密。
《公路工程地质勘察规范》JTG C20—2011
6.3　一般路基
6.3.3　勘探测试点宜沿确定的路线中线布置，每段填、挖路基勘探测试点的数量不宜少于1个，做代表性勘探；地质条件变化大时，应增加勘探测试点数量。
6.4　高路堤
6.4.3　每段高路堤横向勘探断面的数量不得少于1条，做代表性勘探，每条勘探断面上的钻孔或探坑（井）数量不得少于1个，必要时，与静力触探等原位测试手段结合进行综合勘探。地质条件复杂时，应增加勘探断面数量。
6.6　深路堑
6.6.3　每段深路堑横向勘探断面的数量不得少于1条，做代表性勘探，地质条件变化复杂时，应增加勘探断面数量。每条勘探断面上的钻孔或探坑（井）数量不宜少于2个
</td></tr>
</table>

| 序号 | 审查项目 | 审查内容 |
| --- | --- | --- |
| 2.2 | 勘探孔深度 | **《市政工程勘察规范》CJJ 56—2012**<br>**5.4.3** 详细勘察勘探孔深度应符合下列规定：<br>**1** 一般路基、公交场站和城市广场的道路与地面的勘探孔深度宜达到原地面以下5m，在挖方地段宜达到路面设计标高以下4m；当分布有填土、软土和可液化土层等特殊性岩土时，勘探孔应适当加深；在勘探深度内遇基岩时，应有勘探孔（井）钻（挖）入基岩一定深度，查明基岩风化特征。其他勘探孔（井）可钻（挖）入基岩适当深度。<br>**2** 高路堤勘探孔的深度应满足稳定性分析评价要求，控制性勘探孔应满足变形计算的要求。<br>**3** 陡坡路堤、路堑、支挡工程的勘探孔深度应满足稳定性分析评价和地基处理的要求。<br>**《公路工程地质勘察规范》JTG C20—2011**<br>**6.3** 一般路基<br>**6.3.3** 勘探深度、取样、测试等应符合第5.3.3条的规定。<br>**6.4** 高路堤<br>**6.4.3** 勘探深度、取样、测试等应符合第5.4.4条的规定。<br>**6.5** 陡坡路堤<br>**6.5.3** 勘探、取样、测试应符合第5.5.4条的规定。<br>**6.6** 深路堑<br>**6.6.3** 勘探、取样、测试等应符合第5.6.4条的规定。<br>**6.7** 支挡工程<br>**6.7.3** 勘探、取样、测试等应符合第5.7.3条的规定 |
| 3 | 取样与测试 | **《市政工程勘察规范》CJJ 56—2012**<br>**5.4.4** 详细勘察的取样和测试工作应符合下列规定：<br>**1** 一般路基的钻孔均应采取土样；高路堤、陡坡路堤、路堑、支挡结构采取土试样和进行原位测试的勘探孔数量不应少于勘探孔总数的1/2；控制性勘探孔的比例不应少于勘探孔总数的1/3； |

续表

| 序号 | 审查项目 | 审查内容 |
| --- | --- | --- |
| 3 | 取样与测试 | **2** 采取土样的竖向间距应按地基的均匀性和代表性确定，在原地面或路面设计标高以下1.5m和软土地区原地面或路面设计标高以下3m的深度范围内，取土间距宜为0.5m，上述深度以下的取土间距可适当放宽；<br>**3** 划分路基土类别和路基干湿类型时，应进行颗粒分析、天然含水量、液限、塑限试验；<br>**4** 软土地区高路堤宜进行标准固结试验、静三轴压缩试验（不固结不排水）、无侧限抗压强度试验、承载比（CBR）试验或十字板剪切试验；<br>**5** 对路堑、下沉广场等挖方工程，需要时应进行水文地质试验；<br>**6** 对高路堤、陡坡路堤等填方工程，需要时宜对填筑土料进行击实试验。<br><br>**6.3** 一般路基<br>**6.3.3** 勘探深度、取样、测试等应符合第5.3.3条的规定。<br><br>**6.4** 高路堤<br>**6.4.3** 勘探深度、取样、测试等应符合第5.4.4条的规定。<br><br>**6.5** 陡坡路堤<br>**6.5.3** 勘探、取样、测试等应符合第5.5.4条的规定。<br><br>**6.6** 深路堑<br>**6.6.3** 勘探、取样、测试等应符合第5.6.4条的规定。<br><br>**6.7** 支挡工程<br>**6.7.3** 勘探、取样、测试等应付合第5.7.3条的规定 |
| 4 | 室内试验 | **《市政工程勘察规范》CJJ 56—2012**<br><br>**3.0.3** 市政工程的岩土室内试验的试验方法、操作和采用的仪器设备应符合国家现行有关标准的规定。<br><br>**3.0.4** 市政工程的岩土试验项目可按本规范附录A的规定并结合设计施工条件、工程地质与水文地质条件和岩土条件综合确定。 |

续表

| 序号 | 审查项目 | 审查内容 |
| --- | --- | --- |
| 4 | 室内试验 | **3.8.1** 室内试验应根据工程要求和岩土类型选择岩石试验、土工试验、岩土矿物分析、水质分析等试验项目和试验方法。<br>**3.8.2** 室内试验应符合现行《公路土工试验规程》(JTG E40)、《公路工程岩石试验规程》(JTG E41)等相关标准的规定 |
| 5 | 场地和地基的地震效应 | **《市政工程勘察规范》CJJ 56—2012**<br>**3.0.5** 市政工程场地地震效应评价应符合国家现行抗震设计标准的规定 |
| 6 | 岩土工程分析评价和成果报告 | |
| 6.1 | 岩土工程分析评价 | **《市政工程勘察规范》CJJ 56—2012**<br>**5.4.5** 详细勘察应重点分析评价下列内容:<br>**1** 岩土分布特征、路基干湿类型,提供道路设计所需的岩土参数;<br>**2** 地下水的分布、变化规律和地表水情况,分析评价对工程的不利影响;<br>**3** 工程地质、水文地质条件变化较大时,应进行分区评价;<br>**4** 不良地质作用的分布及其对工程的影响,提出针对性处理建议;<br>**5** 分析评价高路堤的地基承载力、稳定性,提供地基沉降计算参数,提出地基处理方法的建议,工程需要时应通过专项分析预测路基沉降;<br>**6** 评价挖方路堑段岩土条件、地下水对支护结构的影响,提供边坡稳定性验算、支护结构设计与施工所需岩土参数;<br>**7** 对路堑、下沉广场等挖方工程,工程需要时,应进行专项工作,分析评价地下水在施工和使用期间的变化及其对工程的影响,提出防治措施,提供抗浮设计建议; |

| 序号 | 审查项目 | 审查内容 |
| --- | --- | --- |
| 6.1 | 岩土工程分析评价 | **8** 高路堤及路堑设置支挡结构时，应分析评价地基的均匀性、稳定性、承载力，提供地基处理方法的建议；<br>**9** 对路桥接驳过渡段，应分析桥台与路堤的变形差异特征，提出接驳段沉降协调控制的地基处理措施等相关建议；<br>**10** 根据公交场站、城市广场的道路与地面工程特点，分析地基的均匀性、承载力及变形特性，提供设计所需的参数，工程需要时尚应提供地基处理、挖填方或支护措施的建议。<br>**5.4.6** 当遇有特殊性岩土时，分析评价尚应符合下列规定：<br>**1** 对湿陷性土，应根据沿线土层的湿陷程度、地下水分布特征及变化，分析评价可能引起的道路病害，并根据土质特征和地区经验，提出路基（地基）处理方法的建议；<br>**2** 对冻土，应根据冻土的类型、分布范围、上限深度、冻胀性分级等，分析评价融沉（融陷）的不利影响，并提出处理建议；<br>**3** 对膨胀土，应根据膨胀土的岩土特征，分析评价其体积膨胀、强度降低而引起路基（地基）破坏和边坡失稳的可能性；并应根据影响岩土胀缩变形的自然条件的变化特点，评价膨胀土地基的变形特点；<br>**4** 对软土，应根据软土的成因、应力历史、厚度、物理力学性质与排水条件，提供路基（地基）承载力、稳定性与沉降分析所需的岩土参数，建议适宜的地基处理方法；工程需要时，应通过专项分析预测其沉降性状；<br>**5** 对厚层填土，应根据填土堆积年限、堆积方式、填土的分布、成分、均匀性及密实度等，评价地基承载力，提供沉降计算参数；并应根据填土性质、道路等级和设计要求，提出地基处理方法和检测的建议；<br>**6** 对盐渍土，应根据盐渍土的成因、分布、含盐化学成分、含盐量及盐渍土地基的溶陷性和盐胀性，评价盐渍土地基的变形特点和对路基、路面、边坡的危害程度，评价盐渍土对工程材料的腐蚀性，提出病害防治措施的建议 |

续表

| 序号 | 审查项目 | 审查内容 |
|---|---|---|
| 6.2 | 成果报告 | **《市政工程勘察规范》CJJ 56—2012**<br>**11.2.4** 详细勘察报告宜包括以下内容：<br>**1** 勘察目的、任务要求和依据的技术标准；<br>**2** 拟建工程概况；<br>**3** 勘察方法和勘察工作布置；<br>**4** 场地地形地貌、地质构造、地震效应、地层岩性及均匀性；<br>**5** 岩土物理、力学性质指标，岩土的强度参数、变形计算参数等的建议值；<br>**6** 地下水类型、埋藏条件、变化规律及其和地表水补排关系的分析；<br>**7** 土和水对建筑材料的腐蚀性评价；<br>**8** 可能影响工程稳定的不良地质作用、地质灾害、特殊性岩土的描述及其危害程度的评价；<br>**9** 地基基础方案的分析论证及设计所需的各项岩土参数；<br>**10** 对建（构）筑物施工及使用过程中的岩土工程问题的分析预测及预防、监控及治理措施的建议；<br>**11** 各类市政工程的重点分析评价内容；<br>**12** 附图表：勘探点平面布置图、工程地质柱状图、工程地质剖面图、原位测试成果图表、室内试验成果图表等。<br>**6.3** 一般路基<br>**6.3.4** 资料要求应符合第5.3.4条的规定。<br>**6.4** 高路堤<br>**6.4.4** 资料要求应符合第5.4.5条的规定。<br>**6.5** 陡坡路堤<br>**6.5.4** 资料要求应符合第5.5.5条的规定。<br>**6.6** 深路堑<br>**6.6.4** 资料要求应符合第5.6.5条的规定。<br>**6.7** 支挡工程<br>**6.7.4** 资料要求应符合第5.7.4条的规定 |

# 附录A 实施工程建设强制性标准监督规定

（中华人民共和国建设部令 第81号）

《实施工程建设强制性标准监督规定》已于2000年8月21日经第27次部常务会议通过，现予以发布，自发布之日起施行。

部长 俞正声

2008年8月25日

## 实施工程建设强制性标准监督规定

**第一条** 为加强工程建设强制性标准实施的监督工作，保证建设工程质量，保障人民的生命、财产安全，维护社会公共利益，根据《中华人民共和国标准化法》、《中华人民共和国标准化法实施条例》和《建设工程质量管理条例》，制定本规定。

**第二条** 在中华人民共和国境内从事新建、扩建、改建等工程建设活动，必须执行工程建设强制性标准。

**第三条** 本规定所称工程建设强制性标准是指直接涉及工程质量、安全、卫生及环境保护等方面的工程建设标准强制性条文。

国家工程建设标准强制性条文由国务院建设行政主管部门会同国务院有关行政主管部门确定。

**第四条** 国务院建设行政主管部门负责全国实施工程建设强制性标准的监督管理工作。

国务院有关行政主管部门按照国务院的职能分工负责实施工程建设强制性标准的监督管理工作。

县级以上地方人民政府建设行政主管部门负责本行政区域内实施工程建设强制性标准的监督管理工作。

**第五条** 工程建设中拟采用的新技术、新工艺、新材料，不符合现行强制性标准规定的，应当由拟采用单位提请建设单位组织专题技术论证，报批准标准的建设行政主管部门或者国务院有关主管部门审定。

工程建设中采用国际标准或者国外标准，现行强制性标准未作规定的，建设单位应当向国务院建设行政主管部门或者国务院有关行政主管部门备案。

**第六条** 建设项目规划审查机构应当对工程建设规划阶段执行强制性标准的情况实施监督。

施工图设计文件审查单位应当对工程建设勘察、设计阶段执行强制性标准的情况实施监督。

建筑安全监督管理机构应当对工程建设施工阶段执行施工安全强制性标准的情况实施监督。

工程质量监督机构应当对工程建设施工、监理、验收等阶段执行强制性标准的情况实施监督。

**第七条** 建设项目规划审查机关、施工设计图设计文件审查单位、建筑安全监督管理机构、工程质量监督机构的技术人员必须熟悉、掌握工程建设强制性标准。

**第八条** 工程建设标准批准部门应当定期对建设项目规划审查机关、施工图设计文件审查单位、建筑安全监督管理机构、工程质量监督机构实施强制性标准的监督进行检查，对监督不力的单位和个人，给予通报批评，建议有关部门处理。

**第九条** 工程建设标准批准部门应当对工程项目执行强制性标准情况进行监督检查。监督检查可以采取重点检查、抽查和专项检查的方式。

**第十条** 强制性标准监督检查的包括：

（一） 有关工程技术人员是否熟悉、掌握强制性标准；

（二） 工程项目的规划、勘察、设计、施工、验收等是否符合强制性标准的规定；

（三） 工程项目采用的材料、设备是否符合强制性标准的规定；

（四） 工程项目的安全、质量是否符合强制性标准的规定；

（五） 工程中采用的导则、指南、手册、计算机软件的是否符合强制性标准的规定。

**第十一条** 工程建设标准批准部门应当将强制性标准监督检查结果在一定范围内公告。

**第十二条** 工程建设强制性标准的解释由工程建设标准批准部门负责。

有关标准具体技术的解释，工程建设标准批准部门可以委托该标准的编制管理单位负责。

**第十三条** 工程技术人员应当参加有关工程建设强制性标准的培训，并可以计入继续教育学时。

**第十四条** 建设行政主管部门或者有关行政主管部门在处理重大工程事故时，应当有工程建设标准方面的专家参加；工程事故报告应当包括是否符合工程建设强制性标准的意见。

**第十五条** 任何单位和个人对违反工程建设强制性标准的行为有权向建设行政主管部门或者有关部门检举、控告、投诉。

**第十六条** 建设单位有下列行为之一的，责令改正，并处以20万元以上50万元以下的罚款：

（一） 明示或者暗示施工单位使用不合格的建筑材料、建筑构配件和设备的；

（二） 明示或者暗示设计单位或者施工单位违反工程建设强制性标准，降低工程质量的。

**第十七条** 勘察、设计单位违反工程建设强制性标准进行勘察、设计的，责令改正，并处以10万元以上30万元以下的罚款。

有前款行为，造成工程质量事故的，责令停业整顿，降低资质等级；情节严重的，吊销资质证书；造成损失的，依法承担赔偿责任。

**第十八条** 施工单位违反工程建设强制性标准的，责令改正，处工程合同价款2%以上4%以下的罚款；造成建设工程质量不符合规定的质量标准的，负责返工、修理，并赔偿因此造成的损失；情节严重的，责令停业整顿，降低资质等级或者吊销资质证书。

**第十九条** 工程监理单位违反强制性标准规定，将不合格的建设工程以及建筑材料、建筑构配件和设备按照合格签字的，责令改正，处50万元以上100万元以下的罚款，降低资质等级或者吊销资质证书；有违法所得的，予以没收；造成损失的，承担连带赔偿责任。

**第二十条** 违反工程建设强制性标准造成工程质量、安全隐患或者工程事故的，按照《建设工程质量管理条例》有关规定，对事故责任单位和责任人进行处罚。

**第二十一条** 有关责令停业整顿、降低资质等级和吊销资质证书的行政处罚，由颁发资质证书的机关决定；其他行政处罚，由建设行政主管部门或者有关部门依照法定职权决定。

**第二十二条** 建设行政主管部门和有关行政部门工作人员，玩忽职守、滥用职权、徇私舞弊的，给予行政处分；构成犯罪的，依法追究刑事责任。

**第二十三条** 本规定由国务院建设行政主管部门负责解释。

**第二十四条** 本规定自发布之日起施行。

# 附录B　房屋建筑和市政基础设施工程施工图设计文件审查管理办法

（中华人民共和国住房和城乡建设部令　第13号）

《房屋建筑和市政基础设施工程施工图设计文件审查管理办法》已经第95次部常务会议审议通过，现予发布，自2013年8月1日起施行。

住房城乡建设部部长　姜伟新

2013年4月27日

## 房屋建筑和市政基础设施工程施工图设计文件审查管理办法

**第一条**　为了加强对房屋建筑工程、市政基础设施工程施工图设计文件审查的管理，提高工程勘察设计质量，根据《建设工程质量管理条例》、《建设工程勘察设计管理条例》等行政法规，制定本办法。

**第二条**　在中华人民共和国境内从事房屋建筑工程、市政基础设施工程施工图设计文件审查和实施监督管理的，应当遵守本办法。

**第三条**　国家实施施工图设计文件（含勘察文件，以下简称施工图）审查制度。

本办法所称施工图审查，是指施工图审查机构（以下简称审查机构）按照有关法律、法规，对施工图涉及公共利益、公众安全和工程建设强制性标准的内容进行的审查。施工图审查应当坚持先勘察、后设计的原则。

施工图未经审查合格的，不得使用。从事房屋建筑工程、市政基础设施工程施工、监理等活动，以及实施对房屋建筑和市政基础设施工程质量安全监督管理，应当以审查合格的施工图为依据。

**第四条** 国务院住房城乡建设主管部门负责对全国的施工图审查工作实施指导、监督。

县级以上地方人民政府住房城乡建设主管部门负责对本行政区域内的施工图审查工作实施监督管理。

**第五条** 省、自治区、直辖市人民政府住房城乡建设主管部门应当按照本办法规定的审查机构条件，结合本行政区域内的建设规模，确定相应数量的审查机构。具体办法由国务院住房城乡建设主管部门另行规定。

审查机构是专门从事施工图审查业务，不以营利为目的的独立法人。

省、自治区、直辖市人民政府住房城乡建设主管部门应当将审查机构名录报国务院住房城乡建设主管部门备案，并向社会公布。

**第六条** 审查机构按承接业务范围分两类，一类机构承接房屋建筑、市政基础设施工程施工图审查业务范围不受限制；二类机构可以承接中型及以下房屋建筑、市政基础设施工程的施工图审查。

房屋建筑、市政基础设施工程的规模划分，按照国务院住房城乡建设主管部门的有关规定执行。

**第七条** 一类审查机构应当具备下列条件：

（一）有健全的技术管理和质量保证体系。

（二）审查人员应当有良好的职业道德；有15年以上所需专业勘察、设计工作经历；主持过不少于5项大型房屋建筑工程、市政基础设施工程相应专业的设计或者甲级工程勘察项目相应专业的勘察；已实行执业注册制度的专业，审查人员应当具有一级注册建筑师、一级注册结构工程师或者勘察设计注册工程师资格，并在本审查机构注册；未实行执业注册制度的专业，审查人员应当具有高级工程师职称；近5年内未因违反工程建设法律法规和强制性标准受到行政处罚。

（三）在本审查机构专职工作的审查人员数量：从事房屋建筑工程施工图审查的，结构专业审查人员不少于7人，建筑专业不少于3人，电气、暖通、给排水、勘察等专业审查人员各不少于2人；从事市政基础设施工程施工图审查的，所需专业的审查人员不少于7人，其他必须配套的专业审查人员各不少于2人；专门从事勘察文件审查的，勘察专业审查人员不少于7人。

承担超限高层建筑工程施工图审查的，还应当具有主持过超限高层建筑工程或者100米以上建筑工程结构专业设计的审查人员不少于3人。

（四）60岁以上审查人员不超过该专业审查人员规定数的1/2。

（五）注册资金不少于300万元。

**第八条** 二类审查机构应当具备下列条件：

（一）有健全的技术管理和质量保证体系。

（二）审查人员应当有良好的职业道德；有10年以上所需专业勘察、设计工作经历；主持过不少于5项中型以上房屋建筑工程、市政基础设施工程相应专业的设计或者乙级以上工程勘察项目相应专业的勘察；已实行执业注册制度的专业，审查人员应当具有一级注册建筑师、一级注册结构工程师或者勘察设计注册工程师资格，并在本审查机构注册；未实行执业注册制度的专业，审查人员应当具有高级工程师职称；近5年内未因违反工程建设法律法规和强制性标准受到行政处罚。

（三）在本审查机构专职工作的审查人员数量：从事房屋建筑工程施工图审查的，结构专业审查人员不少于3人，建筑、电气、暖通、给排水、勘察等专业审查人员各不少于2人；从事市政基础设施工程施工图审查的，所需专业的审查人员不少于4人，其他必须配套的专业审查人员各不少于2人；专门从事勘察文件审查的，勘察专业审查人员不少于4人。

（四）60岁以上审查人员不超过该专业审查人员规定数的1/2。

（五）注册资金不少于100万元。

**第九条** 建设单位应当将施工图送审查机构审查，但审查机构不得与所审查项目的建设单位、勘察设计企业有隶属关系或者其他利害关系。送审管理的具体办法由省、自治区、直辖市人民政府住房城乡建设主管部门按照“公开、公平、公正”的原则规定。

建设单位不得明示或者暗示审查机构违反法律法规和工程建设强制性标准进行施工图审查，不得压缩合理审查周期、压低合理审查费用。

**第十条** 建设单位应当向审查机构提供下列资料并对所提供资料的真实性负责：

（一）作为勘察、设计依据的政府有关部门的批准文件及附件；

（二）全套施工图；

（三）其他应当提交的材料。

**第十一条** 审查机构应当对施工图审查下列内容：

（一）是否符合工程建设强制性标准；

（二）地基基础和主体结构的安全性；

（三）是否符合民用建筑节能强制性标准，对执行绿色建筑标准的项目，还应当审查是否符合绿色建筑标准；

（四）勘察设计企业和注册执业人员以及相关人员是否按规定在施工图上加盖相应的图章和签字；

（五）法律、法规、规章规定必须审查的其他内容。

**第十二条** 施工图审查原则上不超过下列时限：

（一）大型房屋建筑工程、市政基础设施工程为15个工作日，中型及以下房屋建筑工程、市政基础设施工程为10个工作日。

（二）工程勘察文件，甲级项目为7个工作日，乙级及以下项目为5个工作日。

以上时限不包括施工图修改时间和审查机构的复审时间。

**第十三条** 审查机构对施工图进行审查后，应当根据下列情况分别作出处理：

（一）审查合格的，审查机构应当向建设单位出具审查合格书，并在全套施工图上加盖审查专用章。审查合格书应当有各专业的审查人员签字，经法定代表人签发，并加盖审查机构公章。审查机构应当在出具审查合格书后5个工作日内，将审查情况报工程所在地县级以上地方人民政府住房城乡建设主管部门备案。

（二）审查不合格的，审查机构应当将施工图退建设单位并出具审查意见告知书，说明不合格原因。同时，应当将审查意见告知书及审查中发现的建设单位、勘察设计企业和注册执业人员违反法律、法规和工程建设强制性标准的问题，报工程所在地县级以上地方人民政府住房城乡建设主管部门。

施工图退建设单位后，建设单位应当要求原勘察设计企业进行修改，并将修改后的施工图送原审查机构复审。

**第十四条** 任何单位或者个人不得擅自修改审查合格的施工图；确需修改的，凡涉及本办法第十一条规定内容的，建设单位应当将修改后的施工图送原审查机构审查。

**第十五条** 勘察设计企业应当依法进行建设工程勘察、设计，严格执行工程建设强制性标准，并对建设工程勘察、设计的质量负责。

审查机构对施工图审查工作负责，承担审查责任。施工图经审查合格后，仍有违反法律、法规和工程建设强制性标准的问题，给建设单位造成损失的，审查机构依法承担相应的赔偿责任。

**第十六条** 审查机构应当建立、健全内部管理制度。施工图审查应当有经各专业审查人员签字的审查记录。审查记录、审查合格书、审查意见告知书等有关资料应当归档保存。

**第十七条** 已实行执业注册制度的专业，审查人员应当按规定参加执业注册继续教育。

未实行执业注册制度的专业，审查人员应当参加省、自治区、直辖市人民政府住房城乡建设主管部门组织的有关法律、法规和技术标准的培训，每年培训时间不少于40学时。

**第十八条** 按规定应当进行审查的施工图，未经审查合格的，住房城乡建设主管部门不得颁发施工许可证。

**第十九条** 县级以上人民政府住房城乡建设主管部门应当加强对审查机构的监督检查，主要检查下列内容：

（一）是否符合规定的条件；

（二）是否超出范围从事施工图审查；

（三）是否使用不符合条件的审查人员；

（四）是否按规定的内容进行审查；

（五）是否按规定上报审查过程中发现的违法违规行为；

（六）是否按规定填写审查意见告知书；

（七）是否按规定在审查合格书和施工图上签字盖章；

（八）是否建立健全审查机构内部管理制度；

（九）审查人员是否按规定参加继续教育。

县级以上人民政府住房城乡建设主管部门实施监督检查时，有权要求被检查的审查机构提供有关施工图审查的文件和资料，并将监督检查结果向社会公布。

**第二十条** 审查机构应当向县级以上地方人民政府住房城乡建设主管部门报审查情况统计信息。

县级以上地方人民政府住房城乡建设主管部门应当定期对施工图审查情况进行统计，并将统计信息报上级住房城乡建设主管部门。

**第二十一条** 县级以上人民政府住房城乡建设主管部门应当及时受理对施工图审查工作中违法、违规行为的检举、控告和投诉。

**第二十二条** 县级以上人民政府住房城乡建设主管部门对审查机构报告的建设单位、勘察设计企业、注册执业人员的违法违规行为，应当依法进行查处。

**第二十三条** 审查机构列入名录后不再符合规定条件的，

省、自治区、直辖市人民政府住房城乡建设主管部门应当责令其限期改正；逾期不改的，不再将其列入审查机构名录。

**第二十四条** 审查机构违反本办法规定，有下列行为之一的，由县级以上地方人民政府住房城乡建设主管部门责令改正，处3万元罚款，并记入信用档案；情节严重的，省、自治区、直辖市人民政府住房城乡建设主管部门不再将其列入审查机构名录：

（一）超出范围从事施工图审查的；

（二）使用不符合条件审查人员的；

（三）未按规定的内容进行审查的；

（四）未按规定上报审查过程中发现的违法违规行为的；

（五）未按规定填写审查意见告知书的；

（六）未按规定在审查合格书和施工图上签字盖章的；

（七）已出具审查合格书的施工图，仍有违反法律、法规和工程建设强制性标准的。

**第二十五条** 审查机构出具虚假审查合格书的，审查合格书无效，县级以上地方人民政府住房城乡建设主管部门处3万元罚款，省、自治区、直辖市人民政府住房城乡建设主管部门不再将其列入审查机构名录。

审查人员在虚假审查合格书上签字的，终身不得再担任审查人员；对于已实行执业注册制度的专业的审查人员，还应当依照《建设工程质量管理条例》第七十二条、《建设工程安全生产管理条例》第五十八条规定予以处罚。

**第二十六条** 建设单位违反本办法规定，有下列行为之一的，由县级以上地方人民政府住房城乡建设主管部门责令改正，处3万元罚款；情节严重的，予以通报：

（一）压缩合理审查周期的；

（二）提供不真实送审资料的；

（三）对审查机构提出不符合法律、法规和工程建设强制性标准要求的。

建设单位为房地产开发企业的，还应当依照《房地产开发企业资质管理规定》进行处理。

**第二十七条** 依照本办法规定，给予审查机构罚款处罚的，对机构的法定代表人和其他直接责任人员处机构罚款数额5%以上10%以下的罚款，并记入信用档案。

**第二十八条** 省、自治区、直辖市人民政府住房城乡建设主管部门未按照本办法规定确定审查机构的，国务院住房城乡建设主管部门责令改正。

**第二十九条** 国家机关工作人员在施工图审查监督管理工作中玩忽职守、滥用职权、徇私舞弊，构成犯罪的，依法追究刑事责任；尚不构成犯罪的，依法给予行政处分。

**第三十条** 省、自治区、直辖市人民政府住房城乡建设主管部门可以根据本办法，制定实施细则。

**第三十一条** 本办法自2013年8月1日起施行。原建设部2004年8月23日发布的《房屋建筑和市政基础设施工程施工图设计文件审查管理办法》（建设部令第134号）同时废止。